国家自然科学基金项目（编号 41672099）
国家重点基础研究发展计划“973”项目（编号 2014CB239003） 联合资助
湖北省教育厅科研计划项目（编号 Q20181308）

鄂尔多斯盆地延长组长 7 段沉积期深水重力流沉积特征及物理模拟实验

罗顺社 吕奇奇 付金华 牛小兵 代 榕 刘忠保 著

石油工業出版社

内容提要

深水重力流沉积砂体是有利的油气储集体。鄂尔多斯盆地延长组长7段沉积期为典型的湖泊重力流沉积，其分布范围广、类型多；生油层内非常规石油资源潜力巨大。本书对鄂尔多斯盆地延长组长7段沉积期重力流沉积鉴别标志、沉积特征、重力流砂体形成过程、时空分布规律、主控因素等进行了详细探讨，对湖泊重力流沉积的理论研究及该区生油层内非常规油气勘探开发具有重大指导意义。

本书可供从事水动力学、沉积学及石油地质学等领域工作的科研人员及相关院校师生阅读参考。

图书在版编目（CIP）数据

鄂尔多斯盆地延长组长7段沉积期深水重力流沉积特征及物理模拟实验 / 罗顺社等著 .—北京：石油工业出版社，2020.12

ISBN 978-7-5183-4287-7

Ⅰ．①鄂… Ⅱ．①罗… Ⅲ．①鄂尔多斯盆地 – 沉积盆地 – 重力流沉积 – 研究 Ⅳ．① P512.2

中国版本图书馆 CIP 数据核字（2020）第 197217 号

出版发行：石油工业出版社

（北京安定门外安华里2区1号　100011）

网　址：www.petropub.com

编辑部：（010）64523707　　图书营销中心：（010）64523633

经　　销：全国新华书店

印　　刷：北京中石油彩色印刷有限责任公司

2021年1月第1版　2021年1月第1次印刷

787×1092毫米　开本：1/16　印张：9

字数：210千字

定价：80.00元

前言 /PREFACE

深水重力流沉积理论研究是当今沉积学领域研究的重点和热点。近年来，国内外学者相继在许多含油气盆地中发现了深水重力流沉积砂体，做了较多卓有成效的研究工作，大量研究和油气勘探实践均表明深水重力流沉积砂体是有利的油气储集体。以鄂尔多斯盆地三叠系延长组长 7 段陆相湖盆为代表的重力流沉积理论在油气勘探中均取得了良好的效果，特别是 2019 年中国石油长庆油田分公司在鄂尔多斯盆地延长组长 7 段生油层内勘探取得重大发现，页岩油与致密油新增探明地质储量 3.58×10^{8}t，预测地质储量 6.93×10^{8}t，发现了十亿吨级的庆城大油田，表明该区延长组长 7 段湖相生油层内非常规石油资源潜力巨大。

鄂尔多斯盆地陇东地区三叠系延长组长 7 段储集砂体以岩屑质长石砂岩、长石质岩屑砂岩为主，其次为长石砂岩和岩屑砂岩；其泥质含量较高，砂岩粒度较细，储层物性差（储层主要是长 7_2 亚段和长 7_1 亚段）。基于钻井、测井等资料的深入研究，对陇东地区延长组长 7 段的沉积体系有了较为全面的认识，认为研究区长 7 段沉积期从盆地边缘向盆地中心依次发育：辫状河三角洲、深水重力流沉积、半深湖—深湖三种沉积类型。因此，储集砂体主要反映辫状河三角洲、砂质碎屑流沉积和浊流沉积等多种成因类型储集砂体。

前人对鄂尔多斯盆地三叠系延长组长 7 段深水重力流沉积的类型、沉积特征、沉积模式等做了较多研究，但对于重力流砂体形成及演变的主控因素、砂体展布特征及有利的储层分布等方面研究得不够充分，在一定程度上制约了湖盆生油层内非常规石油勘探开发的步伐。本书是在前人的研究基础上，采取野外地质工作与室内综合研究相结合、宏观与微观研究相结合、实例分析与物理模拟实验分析相结合的方法，对鄂尔多斯盆地三叠系延长组长 7 段湖泊重力流沉积进行重点解剖，总结湖泊重力流沉积的鉴别标志及沉积特征；通过沉积模拟实验定性观察和定量描述，弄清重力流沉积砂体形成过程及其主要控制因素，建立湖泊重力流沉积体系或沉积模式，研究重力流沉积的时空分布规律及与油气的关系，为湖泊重力流沉积的理论研究及该区生油层内非常规石油勘探开发具有重大指导意义。

本书共九章。第一章由代榕撰写，第二章由罗顺社、吕奇奇撰写，第三章由付金华、牛小兵撰写，第四章由吕奇奇撰写，第五章物理模拟实验技术由刘忠保撰写，第六章物理模拟理论基础由代榕、刘忠保撰写，第七章陇东地区长 7 期重力流砂体沉积模拟由付金华、代榕撰写，第八章陇东地区长 7 段沉积模拟实验由吕奇奇、罗顺社撰写，第九章重力流砂体分布的主要控制因素及实验结果对比由罗顺社、刘忠保撰写。全书由罗顺社、吕奇奇和付金华统编和定稿，所有图件由张严、潘志远、归航等负责清绘。

在本书编写过程中得到了中国石油长庆油田分公司魏新善、李士祥、冯胜斌、尤源、淡卫东，长江大学张昌民、何幼斌、胡明毅、王振奇、张尚锋、龚文平、张春生、李少华、李建明、李维锋、肖传桃、尹太举、胡光明、罗进雄、印森林等专家和教授的悉心指导与帮助，并提出了许多宝贵意见和建议，在此深表感谢。

鉴于水平有限，疏漏之处在所难免，敬请读者批评指正。

目录 /CONTENTS

第一章　区域地质概况

鄂尔多斯盆地是中国大型沉积盆地之一，轮廓呈矩形，整体面积约 $25\times10^4km^2$。东部以吕梁山为界，南部以金华山、嵯峨山、五峰山、岐山为界，西部以桌子山、牛首山、罗山为界，北部以黄河断裂为界。盆地跨越了陕、甘、宁、内蒙古、晋五省区，盆地内矿产资源丰富，煤炭广泛分布全区，铁、锰、铜、铅等金属矿产在外围山区也有发现。因此，鄂尔多斯盆地逐渐成为中国中西部地区重要的能源基地及地质工作者重点研究区之一。

鄂尔多斯盆地周边断续被山系包围，山脉海拔一般在2000m左右。盆地内部相对较低，一般海拔800～1400m。北部为干旱沙漠草原区，如毛乌素沙漠、库布齐沙漠等。南部为半干旱黄土高原区，黄土广布，地形复杂。盆地的外侧临近三大冲积平原，包括狼山—大青山以南的黄河河套平原、秦岭以北的关中平原，以及贺兰山以东的银川平原，盆地内地势平坦，交通便捷，物产富饶，为盆地内油气勘探提供了便利条件。

现今的鄂尔多斯盆地总体呈东部较为宽缓，西部较为陡窄的不对称大型向斜形态。盆地边缘断裂褶皱较发育，关中渭河盆地、河套盆地、银川盆地等小型地堑盆地嵌绕在盆地四周；盆地内部构造简单，地层平缓，很少有幅度较大、圈闭较好的背斜构造，部分区域可以见到小型的鼻状褶曲（宋国初，1993；冯增昭，1994）。根据盆地现今构造形态、特征及基底性质，将全盆地划分为伊盟隆起、渭北隆起、晋西挠褶带、伊陕斜坡、天环坳陷及西缘冲断带六个一级构造单元（图1–1）。

第一节　区域构造背景

一、区域地质特征

鄂尔多斯盆地是由中新盆地叠覆于古盆地之上形成的（孙肇才，1980；孙国凡，1981）。新盆地产生于中生代后期，古盆地则是古生代形成。盆地目前东部地势舒缓，西部地势陡峻的面貌，主要受印支运动的影响。然而盆地基底良好的刚性为其提供了比较好的稳定性，使得印支运动的强烈作用没有在盆地内部产生明显的构造现象。但是在盆地西南部，具有同生性的断裂活动较为频繁，使得这一地区的构造现象较为明显（赵重远，1990）。

目前普遍认为鄂尔多斯盆地的演化过程可以分为六个阶段（图1–2）：分别是基底的形成阶段、拗拉谷阶段、浅海台地阶段、滨海平原阶段、内陆盆地形成阶段和新生代断陷阶段（赵重远，1990）。

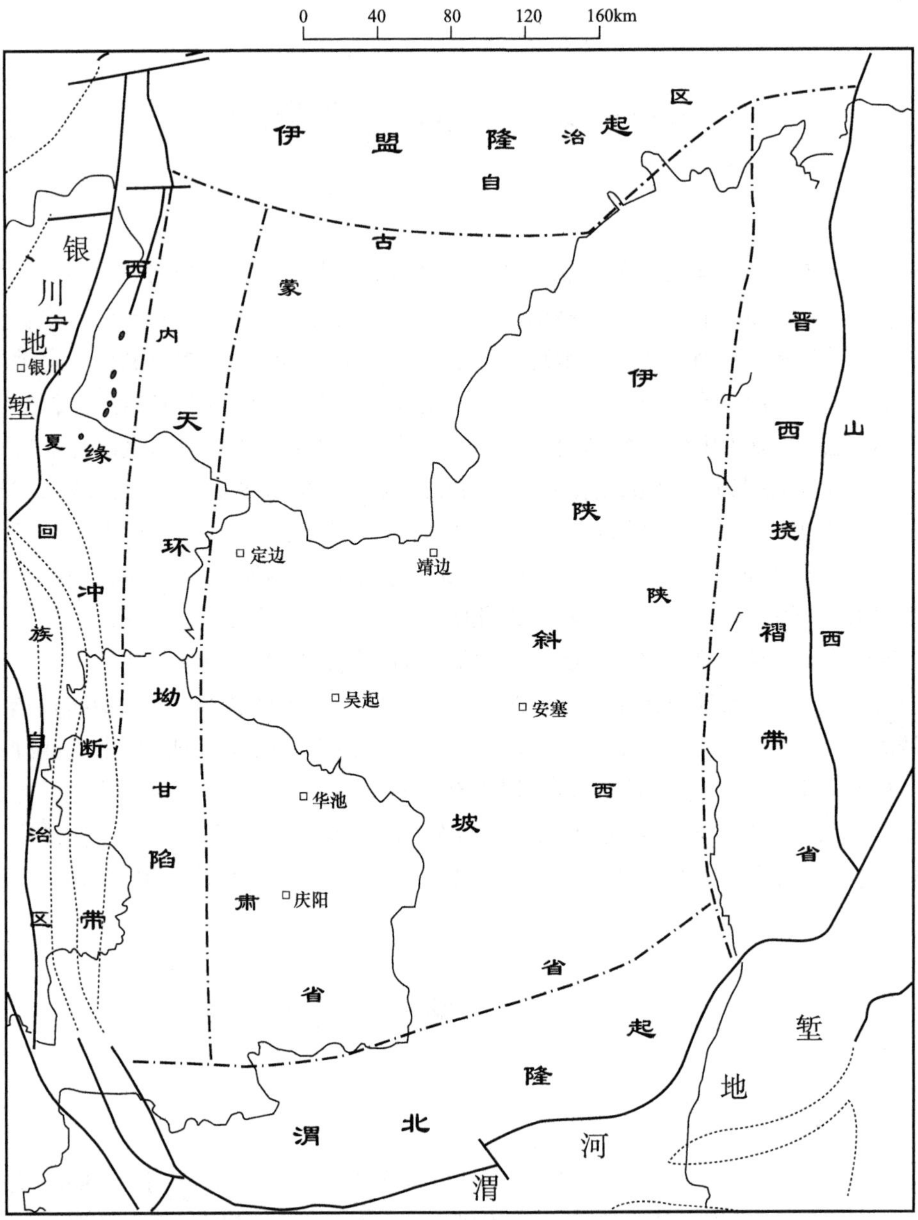

图 1–1　鄂尔多斯盆地区域构造单元及研究区位置

二、地层概况及其划分

鄂尔多斯盆地晚三叠世为一持续沉降的大型坳陷湖盆，堆积了厚达 1000～1500m 的延长组陆源碎屑岩。延长组发育较完整，沉积类型多样，厚度变化较大，自上而下可划分为 10 个油层组，长 10 段沉积期到长 7 段沉积期是湖盆形成时期，长 6 段沉积期到长 3 段沉积期为湖盆进入三角洲建设发展时期，从长 2 段沉积期开始，湖盆逐渐萎缩，至长 1 段沉积期湖盆衰亡，结束了延长组的沉积过程。

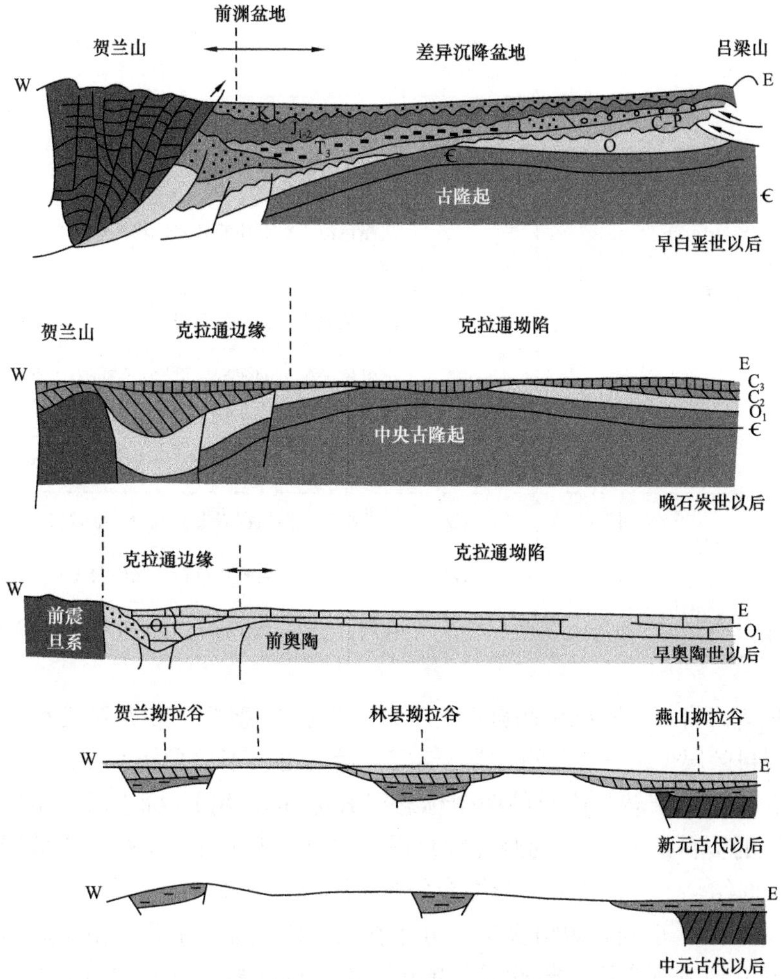

图 1–2　鄂尔多斯盆地构造演化模式图（据陈全红，2003）

表 1–1　鄂尔多斯盆地延长组地层划分表

系	统	组	段	油层组	厚度（m）	岩性特征
三叠系	上统	延长组	第五段	长 1	20～90	瓦窑堡煤系灰绿色泥岩夹粉细砂岩，碳质页岩及煤层（K_9）
			第四段	长 2	20～170	灰绿色块状中、细砂岩夹灰色泥岩（K_8）
						浅灰色中、细砂岩夹灰色泥岩
						灰、浅灰色中、细砂岩夹暗色泥岩
				长 3	20～160	浅灰色、灰褐色细砂岩夹暗色泥岩（$K_{6、7}$）
			第三段	长 4+5	45～110	暗色泥岩、碳质泥岩、煤线夹薄层粉—细砂岩
						浅灰色粉、细砂岩与暗色泥岩互层（K_5）

续表

系	统	组	段	油层组		厚度（m）	岩性特征
三叠系	上统	延长组	第三段	长 6		50～145	绿灰、灰绿色细砂岩夹暗色泥岩（K_4）
							浅灰绿色粉—细砂岩夹暗色泥岩（K_3）
							灰黑色泥岩、泥质粉砂岩、粉—细砂岩互层夹薄层凝灰岩（K_2）
				长 7	长 7_1	22～47	深灰色泥岩、粉砂质泥岩、中层粉细砂岩常见
					长 7_2	25.5～44	灰黑色—黑色的泥岩、页岩（油页岩）夹薄层深灰色粉细砂岩（K_1）
					长 7_3	18～40	黑色的泥岩、页岩（油页岩）夹薄层深灰色粉细砂岩
			第二段	长 8		45～120	暗色泥岩、砂质泥岩夹灰色粉—细砂岩
				长 9		90～120	暗色泥岩、页岩夹灰色粉—细砂岩（K_0）
			第一段	长 10		280	肉红色、灰绿色长石砂岩夹粉砂质泥岩，具有麻斑构造

依据沉积旋回将长 7 段沉积期自上而下划分为长 7_1 亚段、长 7_2 亚段和长 7_3 亚段共三个小层。研究目的层位是长 7 段沉积期，主要参考了位于长 7 段沉积期附近且曲线形态特征极为明显，区域分布较为广泛的两个标志层 K_1 和 K_2，用 K_3 标志层做本次研究的辅助标志层。选取的资料是 1：200 的测井综合图，主要参考伽马、电位、声波时差和井径的测井曲线，同时结合了其他测井曲线综合分析（严云奎，2009）。

（1）K_1 标志层：也叫张家滩页岩，分布在长 7 段底部，主要是由于湖盆面积水体加深形成的，在盆地发育广泛，岩性以灰黑色、黑色的泥岩、页岩和油页岩为主，含凝灰质，张家滩页岩在盆地南部发育的厚度较大（图 1–3）；测井曲线特征为高伽马、高声波时差及井径扩张，伽马曲线形态为箱形（图 1–4）。

图 1–3　延长组长 7 段张家滩页岩

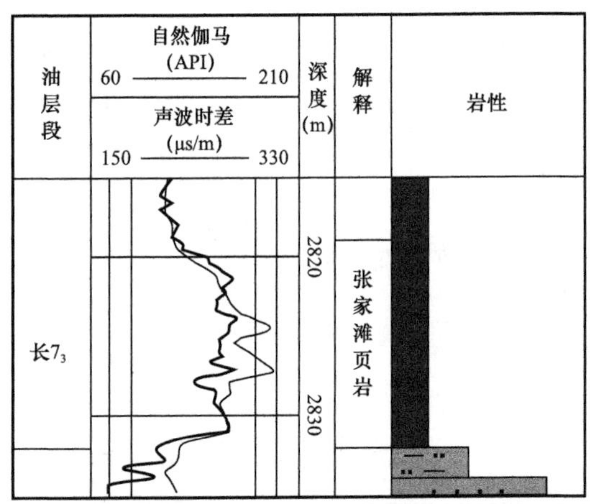

图 1–4　黄 79 井张家滩页岩测井曲线特征

（2）K_2 标志层：是长 6 段与长 7 段的分界线，分布在长 7 段的顶部或者是长 6 段的底部，岩性组合突出作为显著标志，灰黑色泥岩、碳质泥岩及深灰色粉砂质泥岩，见凝灰岩；测井曲线的特征为高伽马、高电位、高声波时差、低电阻、低密度及尖刀状井径（图 1–5）。

（3）K_3 标志层：分布于长 6 段中下部，距长 6 段底部 30～40m 处，以灰黄色水云母泥岩为主要岩性；曲线响应特征为高伽马、高声波时差（尖刀状）、扩张井径、低密度（图 1–6）。

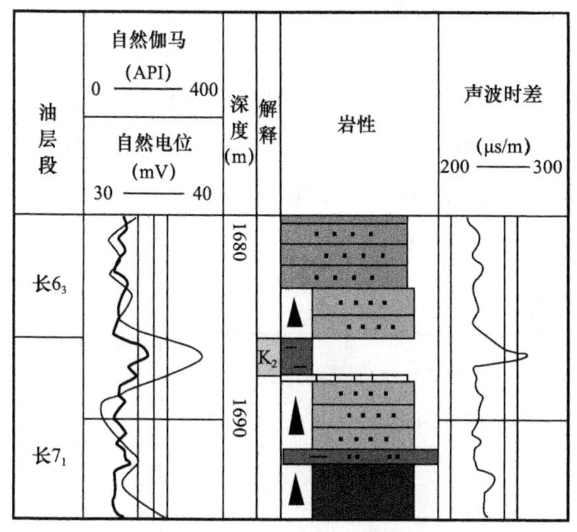

图 1–5　宁 22 井 K_2 标志层岩性及测井曲线特征

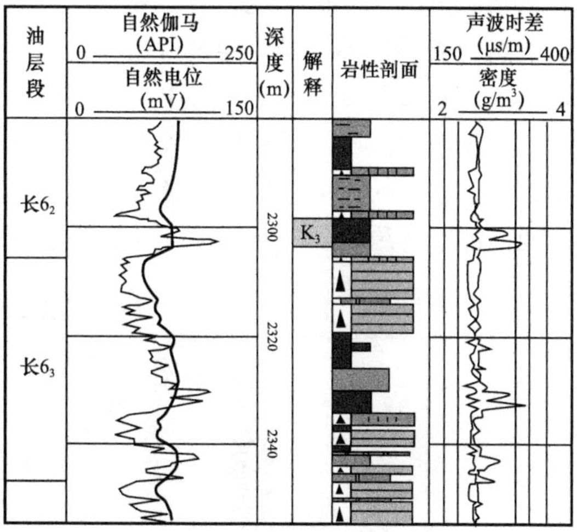

图 1–6　里 55 井 K_3 标志层岩性及测井曲线特征

三、长 7 段地层特征

盆地延长组总体为河流—三角洲—湖泊—三角洲—河流过渡或相互共存的碎屑岩沉积物，长 7 段在盆地区内沉积厚度约 80～120m，目的层位长 7 段进一步细分为长 7_1、长 7_2、长 7_3 三个亚段。划分完研究区地层之后，选取均匀分布在盆地内，并且需要层位全、测井曲线响应明显的井做标准井，以标准井为中心按照一定的井间距离向四周扩散，开展研究区邻井对比，最终达到全区的闭合对比。

以东北—西南和西北—东南的方向格局展开地层剖面对比，长 7 段在盆地北部厚度为 65～90m，除过盆地南—东南部彬县—旬邑—庙湾—黄陵—黄龙区域地层缺失，盆地南部其余区域长 7 油层组厚度在 95～120m，呈南厚北薄的特征。长 7_3 亚段厚度为 25～49m，主要是灰黑色—黑色的泥岩、页岩（油页岩）夹薄层深灰色粉细砂岩；长 7_2 亚段厚度为 21～52m，厚度与长 7_3 亚段差异不大，岩性也极为相似；长 7_1 亚段厚度为 18～44m，以深灰色泥岩、粉砂质泥岩夹灰色泥质粉砂岩、中层粉细砂岩常见。

第二节　区域沉积背景

一、研究区物源概况

鄂尔多斯盆地的沉积期，主要受到来自东北及西南两个方向的物源影响。由于盆地西南地区在印支运动中受到比盆地内部其他地区更为明显的构造作用，因此在这一区域，地层属性与构造特征受到了明显的影响与限制。与此同时，多物源的影响使得盆地内部延长组同层段在不同区域的沉积物表现出多样的沉积特征，同一地区的不同层段也有同样的表现。这些沉积特征主要表现于搬运改造程度、沉积机制与沉积环境等。由于这些因素的影响，盆地的沉积体系呈现出明显的多样化类型。由于鄂尔多斯盆地特殊的构造背景，沉积物的物源来源于不同方向，分别是北东向物源及南西向物源。同时，两个物源区内母岩、岩石组合类型也不一样。当南部沉积物沉积时，盆地内的构造活动以走滑拉分断层为主，基底下沉速度很快，这一时期内秦岭的造山作用还不强，物源主要来自盆地南部的斜坡带，属于隆起区域的颗粒粒度较小的再旋回沉积物；西南区域由于印支期的同生构造产生的作用，盆地的下沉与外围的隆起共同影响，使得抬升区域产生大量碎屑物质，从而形成了西南部的物源；阴山—吕梁一带的隆起则带来了盆地北东向的物源（图 1–7）。

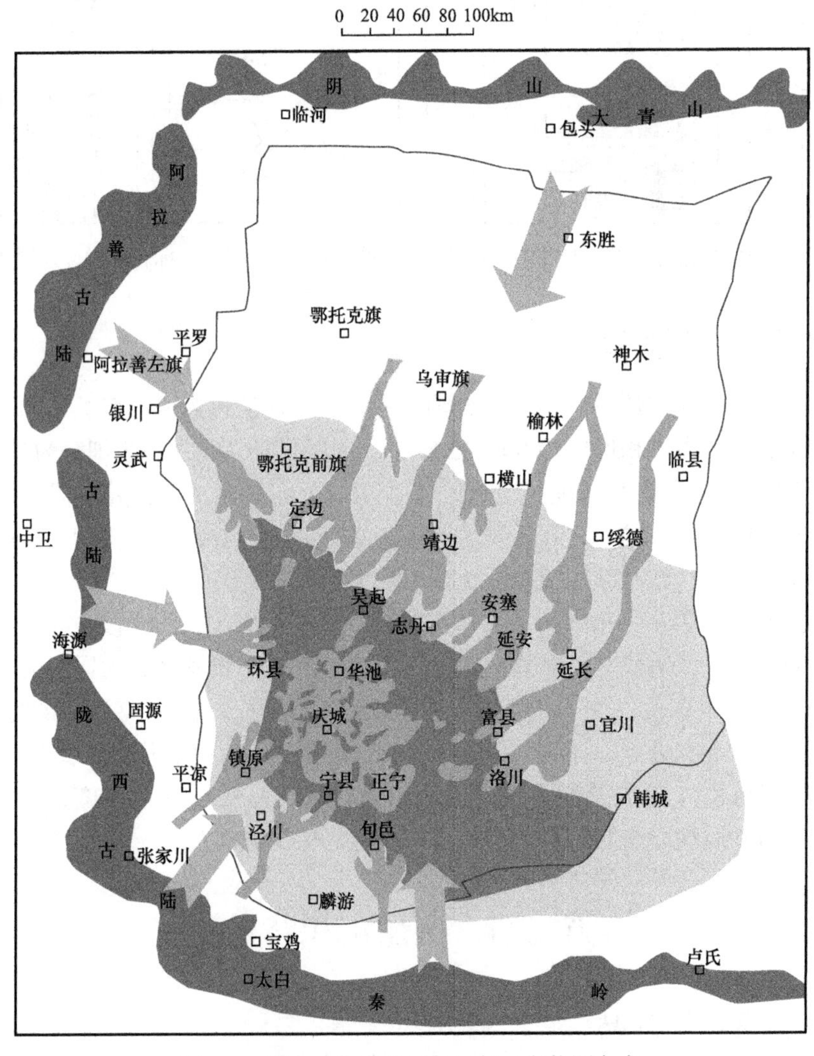

图 1–7　鄂尔多斯盆地延长组长 7 段物源方向

二、研究区沉积现状

地层厚度恢复表明，延长组沉积初期，盆地的古地貌由东向西表现出较大差异，自东部铜川安塞地区到中部盐池千阳地区再到西部的平凉地区，地形是由凹陷带过渡至隆起带再到凹陷带的变化。东部舒缓地区和中部隆起地区的沉积厚度多在500m左右；在陡坡地区主要分布在盆地东部，以及缓坡局部地区主要在盆地东北部，沉积厚度都比舒缓和隆起地区的大，约1000m，湖泊和三角洲是主要沉积体系，沉积岩岩性以灰色—深灰色砂岩、深灰色—灰黑色泥页岩及二者互层为主；西部平凉、汝箕沟等沉降较强烈的凹陷带，沉积物厚度最大，可达几千米。

第二章　沉积相及沉积体系

20 世纪 60 年代末 Fisher 提出了沉积体系这一概念，并将它定义为在沉积环境与沉积作用过程方面具有成因联系的三维岩相组合体，简单地说就是供给物源、作用过程和地理环境在空间上的三维组合。沉积体系研究的步骤是：首先确定地层划分，对需要研究的区域内的野外露头剖面或者是单个取心井进行沉积相研究，划分出相、亚相甚至是微相类型；然后标定不同沉积微相对应的测井曲线特征，建立“沉积微相”与“测井相”对应关系，从而实现对研究区未取心井沉积微相的确定及研究层位的沉积相；最后通过不同单井对比，确定研究区沉积体系在不同时间纵向上的演化特点（正江，2001；窦伟坦，2005）。

第一节　辫状河三角洲研究历史和进展

三角洲是中国含油气盆地的重要沉积体系，三角洲砂体因邻近烃源岩，“近水楼台先得月”，因而是中国重要的油气储层，一直受到石油工作者的重视。三角洲的研究最早始于吉尔伯特，他根据河道切割剖面表现出来的三重构造，提出三角洲在推进时，不同层理类型的垂向层序。而后，巴雷尔（1912，1914）进一步提出底积层、前积层和顶积层的概念，这就形成了经典的吉尔伯特三角洲模式，并长期支配着人们对三角洲的认识。中国从 20 世纪 20 年代开始研究古代三角洲沉积体系。20 世纪 60 年代以来，随着中国陆相沉积盆地中的石油和天然气勘探取得举世瞩目的成就，更激发了人们对湖泊三角洲的研究兴趣。80 年代是三角洲研究的深化阶段，人们逐渐从理论上探讨湖泊三角洲的控制因素、成因机制及其类型。裘亦楠等最早以坡降和离物源区距离为主线索提出湖盆三角洲的二端元分类，即扇三角洲、鸟足状三角洲和两者之间过渡类型的裙边状三角洲。吴崇筠的构造湖盆三角洲分类，根据地形把湖泊三角洲分为长轴三角洲、短轴陡坡三角洲和短轴缓坡三角洲。何治亮以湖水进退、坡度陡缓、浪控河控三种因素为基本原则，将湖盆三角洲分成八端元类型。朱海虹（1989）等根据水动力强度的差异和对三角洲形态的影响，把三角洲分成伸长形、舌形、扇形、尖头形和平直滨岸形五种类型。

另外，薛良清等许多学者也对湖泊三角洲分类进行了有益的探讨，并提出了典型的实例。20 世纪 80 年代末期，国外学者又提出了辫状河三角洲概念，并逐渐被国内学者引用到实际研究工作中。进入 90 年代，随着层序地层学理论的提出和应用，尤其是高分辨率层序地层学理论的提出使得对湖泊三角洲的研究更进一步。徐怀大、余素玉、邓宏文和王洪亮等先后应用层序地层学理论来研究中国湖泊三角洲储层的划分和精细的对比问题，提高了储层预测的准确性和精度。这些理论促进了对湖泊三角洲的深入研究，推动了石油工业的发展。

辫状三角洲的概念提出较晚，较扇三角洲和正常三角洲研究也更为薄弱，而且国内外发表的文章也较少，但作为湖泊三角洲的一种类型，对油气储层研究也具有重要的理论和实际经济价值。近几年，在中国东部断陷湖盆和西部的广大盆地中都发现有大量的辫状河三角洲沉积体系，并具有良好的油气储集性能。

辫状河三角洲（Braid Delta，也叫辫状三角洲）的概念最早由Mc Pherson提出，其定义为由辫状河体系（包括河流控制的潮湿气候冲积扇和冰水冲积扇）前积到停滞水体中形成的富含砂和砾石的三角洲，其辫状分流平原由单条或多条低负载河流提供物质。在此之前，辫状河三角洲归属于扇三角洲范畴，Mc Pherson等认为把辫状河三角洲从扇三角洲中分出来的理由有两个：一是辫状河和辫状平原与冲积扇没有什么联系，如在阿拉斯加和冰岛海岸发现的冰水辫状河与冰水辫状河平原；二是与冲积扇毗连的辫状河冲积平原通常是几十千米甚至上百千米长，严格地说，并不真正是冲积扇复合体的组成部分。Nemec和Steel则不赞成Mc Pherson的看法，认为辫状三角洲是辫状分流平原由单条低负载河流进积到静止水体中形成的。辫状三角洲的平面形态通常呈扇形，但这种扇形是三角洲建造过程的结果，而不是三角洲的冲击补给系统的固有特征。与扇三角洲不同，一旦静止的水体移开，辫状三角洲必然重新变为单条河流。国内对于辫状三角洲的认识，笔者认为最早应该是裘亦楠提出的过渡类型的裙边状三角洲，如胜坨油田沙二$_{8}^{3}$层三角洲，其为离源区数十千米较窄的冲积平原上的辫状河分支直接入湖形成的三角洲，当时由于还没有人提出和使用辫状河三角洲的概念，故以过渡类型而命名之，现在看来，这种三角洲无疑应归为辫状三角洲的范畴。

第二节　深水重力流研究历史和进展

一、深水重力流沉积的发展历程

地质学是一门古老而发展又极其缓慢的自然科学。地质学相较其他自然科学发展之所以缓慢，是地质学具有发展时间的长期性、区域构造格局的差异性和千变万化的复杂性，作为地质学分支的沉积学也是这样。人类对浊流的认识，最早可追溯至19世纪，其中湖相浊流是最先发现的。1887年，瑞士地质学家Forel发现从罗纳河来的阿尔卑斯山冰融粗粒沉积物流入日内瓦湖后并不沉积在浅水里而是在深水中沉积，他称之为“密度流”。1930—1935年地质学家认识到太平洋、大西洋和印度洋海底地貌壮观复杂，尤其认识到美国东、西沿岸广布海底峡谷，这使大多数科学家认为这是第四纪间冰期间由于气候变暖冰川融化使海平面上升200m，淹没了冰川期大陆峡谷的结果。美国哈佛大学教授Daly（1936）力排众议，在格兰德滩大地震和“密度流”的启示下提出海底峡谷是由浊流形成的；随后荷兰学者Kuenen（1937）发表了证实Daly假说的实验室研究成果；Johnson（1937）提出用浊流这一名词来命名那些由于携带过量悬浮物质而不是由于盐度差或温度差而造成的密度流，从此“浊流”一词正式引入地质科学。

Kuenen带着高密度浊流试验的文章出席1948年在伦敦举行的世界地科联大会，会上预言在古代沉积岩中有粒级递变的浊流沉积物；随后Kuenen与意大利古生物学家Migliorini对意大利亚平宁山脉北部的白垩世—始新世地层进行研究，于1950年联合发表“作为递变层起因的浊流”一文，从而完成了沉积学的第一次大革命。Walker（1973）认为这篇文章可以作为浊流革命的宣言书，打破了机械分异学说120多年的统治，使人们认识到不仅陆地、浅水有粗粒沉积物，由于浊流活动，深水同样可以有粗粒沉积物。之后，关于浊流沉积的研究逐渐增多，先后开展了对现代和古代浊流沉积的研究，其中许靖华（1955）对加利福尼亚州文图拉油田上新统浊流沉积相几何形态与成因的研究和Kuenen（1957）在露头上对古代浊流沉积的研究都证实浊流到达椭圆形盆地的平坦底部后，就沿纵（轴）向运动。

Bouma（1962）对法国东南部阿尔卑斯山脉地区Annot砂岩浊流沉积研究提出了著名的鲍马序列，引起了地质学家对浊流沉积的极大兴趣，此后对露头的研究日趋增多，还分别开展了浊流流动机理的水槽实验（Sander，1963，1965；Middleton，1966）。

1970年，美国地质学家Normark第一次提出水下扇相模式；1972年，意大利地质学家Mutti和Rucci Luchi（1978）对海底扇沉积相模式进行了研究；Walker（1978）总结和综合了Normakr（1970）和Walker&Matti（1973）提出海底扇相模式之后，提出一个简单实用、既符合海底扇又适合湖底扇的相模式。1973年，Middleton和Hampton提出沉积物重力流分类方案；1975年，Mutti和Ricci Lucci首次将水下扇进行岩相划分。同时，随着层序地层学的发展，Vail等将水下扇划归低位体系域。

20世纪80年代之后，全世界有越来越多的深水沉积物被发现，由于区域性的差别，经典的鲍马序列和水下扇相模式已经不能解释所有的深水沉积物，经典的浊流理论受到挑战，1982年，Lowe提出高密度浊流概念；1983年，Bouma认识到现代或古代的水下扇比人们认识到的要复杂得多，传统的模式不能运用于所有的水下扇沉积；1989年，许靖华对鲍马序列也提出了质疑。

20世纪90年代以来，为了在被动大陆动缘（如巴西、墨西哥湾、西非、北海）的细粒浊积体中寻找隐蔽油气藏，工业界和学术界联合起来研究细粒浊积体的沉积物搬运和沉积过程、沉积物分布样式、扇体的形成过程及储层结构，其中主要包括用层序地层学原理和储层结构原理重新解释了大量露头，通过做新的实验（如滑塌实验）和数值模拟来研究沉积物在重力流作用下的搬运和沉积过程及对深海砂体的完整描述等。通过这些研究，说明了深海沉积物（尤其是砂级部分）在与粗粒富砂的浊积体比较时，在研究方法和研究物构成上存在着根本差异（Weimer，1991，1994；Picketing，1995；Prather，1998）。

同时，Shanmugam及其合作者通过对北海浊积岩地层的重新解释，认为许多以前解释为高密度浊流成因的沉积应该为砂质碎屑流和底流改造成因，只有一小部分才是真正的浊积岩。从他发表的有关砂质碎屑流的论文来看，在沉积学界掀起过两次有关沉积物重力流的大讨论。Shanmugam等认为部分传统浊积岩是砂质碎屑流和底流改造成因，并总结出砂质碎屑流的鉴别标志，在传统海底浊积扇模式进行重新研究的基础上提出了海底碎屑流模式。这代表了当今世界浊流沉积研究方面的最新进展（表2–1）。

表 2-1　浊流研究发展历程

时间	深水沉积理论研究的发展过程	主要研究者
2006	沉积过程的讨论	第 17 届国际沉积学大会
2006	浊流有关基本术语的纠正	Shanmugam
2003	多光束声呐测深技术用于深海重力流研究	Pirmez et al.
2003	传统浊流理论存在的十大误区	Shanmugam
2000	块状砂岩的解释	Stow
2000	砂质碎屑流和浊流的沉积模式	Shanmugam
1998	砂质碎屑流的水槽实验	Shanmugam
1995	对高密度浊流的否定	Shanmugam et al.
1994	对浊积岩储层的重新解释	Shanmugam et al.
1992	水下扇相模式的放弃	Walker
1989	对鲍马序列的质疑	许靖华（Hsu）
1987	水下扇的层序地层学模式	Vail
1985	对浊积岩相的质疑	Shanmugam et al.
1983	水下扇的复杂性	Bouma
1982	高密度浊流	Lowe
1981	声呐扫描图像运用于浊积岩研究	Laughton
1979	细粒砂质浊积岩	Stow
1978	海底扇相模式的总结	Walker
1977	海底扇与低位体系域关系	Vail.Mitchunm & Thompson
1975	浊积岩相划分	Mutti & Ricci Lucchi
1973	沉积物重力流分类	Middleton & Hampton
1972	细粒泥质浊流	Piper
1970	海底扇相模式	Normark
1969	浊流存在问题的讨论	Vander Lingen
1967	深水底流研究	Hollidter et al.
1965	浊流流动机理的水槽实验	Walker
1966		Middleton
1962	鲍马序列	Bouma

续表

时间	深水沉积理论研究的发展过程	主要研究者
1959	浊积岩储层研究	许靖华（Hsu）
1975	古代浊流研究	Kuenen
1957		Pettijohn
1955	现代浊流研究	Menard
1951	深水砂岩中浅水生物的形成机理	Natland & Kuenen
1950	递变层理—浊积岩实例	Kuenen & Migliorini

二、浊流及相关概念及研究进展

1. 重力流和牵引流

从沉积学的角度来看，自然界的流体有两种基本类型：重力流和牵引流。前者为一种重力驱动的流体，即由密度差异而产生的流体，后者为惯性力所驱动的流体（牛顿流体），其流体力学性质存在很多本质差别（表 2–2）。

表 2–2　重力流与牵引流的区别

流体类型	流体黏性变化情况	驱使碎屑搬运的力	碎屑颗粒的搬运和沉积方式	相态
牵引流（牛顿流体）	不变（服从黏性定律）	牵引力	滑动、滚动、跳跃	二相体（固相沉积物及液相水）
重力流（非牛顿流体）	变化（不服从黏性定律）	重力	以悬浮为主	一相体

2. 沉积物重力流

随着科学技术的发展及海洋和湖泊研究的深入，特别是通过大量的现代沉积、野外露头和岩心观察，以及水槽模拟实验，对浊流的流动机制和沉积作用有了许多新的认识，从而大大地充实了对深水浊流沉积的看法，使浊流概念发展成为沉积物重力流（Sediment Gravity Flow）的概念。

但是长期以来，关于沉积物重力流的划分方案一直存在争议，Middleton 和 Hampron 发表文章指出：沉积物重力流是指沉积物或沉积物与水的混合物在重力作用下，顺斜坡运动形成流动，简称沉积物流，也称块体流。按支撑沉积物颗粒机制的差异，可分为四类：浊流（Turbidity Current），沉积物主要由流体湍流向上的分力支撑；液化沉积物流（Liquefled or Fluidized Flows），沉积物由粒间逸出向上运动的流体支撑；颗粒流（Grain Flows），沉积物直接由颗粒与颗粒间的相互作用（碰撞或紧密靠近）所产生的分散应力支撑；碎屑流（Debris Flows），沉积物中较粗颗粒由基质支撑，基质是较细的沉积物与孔隙内流体的混合物，它有一定的屈服强度（图 2–1）。

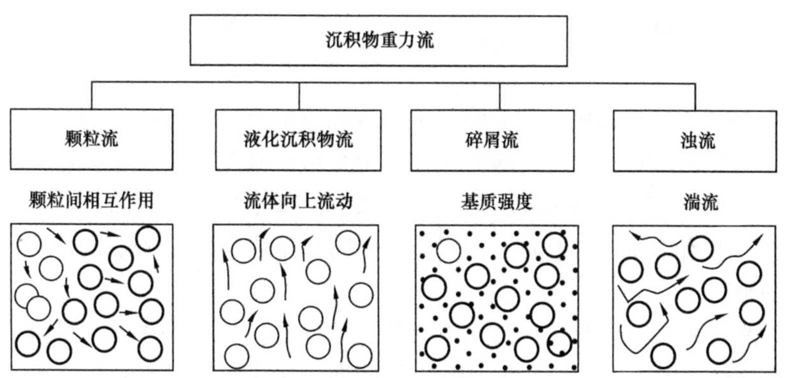

图 2–1　四种主要的沉积物重力流（据 Middleton & Hampton，1973）

Lowe（1979，1982）根据流体的流变学特征将沉积物重力流划分为流体流（Fluidel Flow）、液化流（Liquified Flow）和碎屑流（Debris Flow），前者表现为流体流变学特征，后者表现为塑性流变学特征，中间一类是兼具流体流变学特征和塑性流变学特征。Lowe 又根据流体内沉积物颗粒的支撑机制将沉积物重力流细分为：浊流（Turbidity Current）、液化流（Fluidized Flow）、颗粒流（Grain Flow）、泥流（Mud Flow）或黏性碎屑流（Cohesive Debris Flow）。同时，浊流又有低密度浊流和高密度浊流之分。各种流体在一定条件下可以发生转化（图 2–2）。

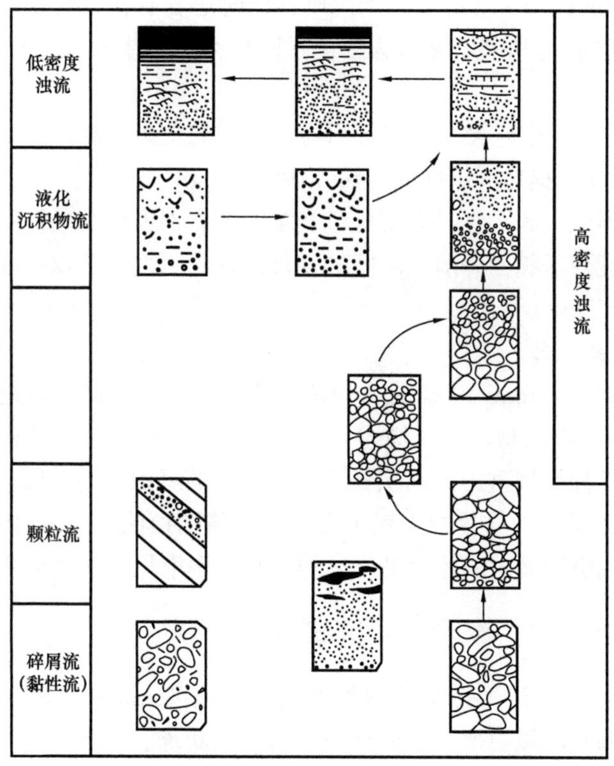

图 2–2　沉积物重力流按流变学演化示意图（据 Lowe，1982）

在自然界中出现的沉积物重力流，通常包含一种以上的机制，在不同的阶段有不同的表现，即使经典浊积岩也不能简单地理解为单一的湍流支撑和悬浮作用，其下部的块状段也包含隙间流体的向上流动和颗粒碰撞产生的分散应力支撑，在沉积的后期阶段还有牵引作用。而且这几类沉积物重力流在其流动过程中是可以互相转化的，最常出现的是向浊流转化，如碎屑流加水稀释、颗粒流加水和泥、液化流加水均可变成浊流。所以，这四类沉积物重力流中以浊流最普遍。因而，人们仍习惯用浊流这个名词来做总称。

3. 浊流的概念

浊流是一种在水体底部形成的高速紊流状态的混浊流体，是水和大量呈自悬浮的沉积物质混合成的一种密度流，也是一种由重力作用推动成涌浪状前进的重力流。

浊流（Turbidity Current）是沿水下斜坡或峡谷流动的，携带大量泥沙的高密度底流，是重力流的一种特殊形式，沉积物主要由流体湍流向上的分力支撑。

Lowe（1979，1982）依据流体流变学（流体对塑性体）特征，认为浊流应为一种流体态流（Fluidal Flows）。同时，根据浊流中沉积物粒度、颗粒浓度和沉积物支撑机制将浊流分为三类：低密度浊流（Low Density Turbidity Current），浊流中所含的沉积物颗粒粒度群多为细粒级的泥、粉砂、细砂和中砂，沉积物主要由湍流支撑而与颗粒浓度无关；砂质高密度浊流（Sandy High-density Turbidity Current），沉积物以砂级为主，同时也含泥、粉砂和细砾，支撑机制是湍流和阻碍沉降的力；砾质高密度浊流（Gravelly High Density Turbidity Current），沉积物中含有细砾到巨砾，同时还含有泥、粉砂和砂，因而含有各种支撑机制，但以分散应力和基质浮力为主，且颗粒浓度要求较高，须大于 20%～30% 时才稳定。

实际上 Lowe 的浊流中包含了全部沉积物重力流的支撑机制，故对于这一划分方案有些学者如 Shanmugam 就提出了不同的看法（1995），他认为从流变学特征来看，高密度浊流实际上是一种碎屑流，因为它具有塑性流变学特征，而非浊流的流体流变学特征，它是一种介于黏性碎屑流与非黏性碎屑流之间的一种流体，因而他建议称高密度浊流为砂质碎屑流（Sandy Debris Flow）。

4. 浊流沉积与浊积岩

简言之，浊积岩（Turbidite）就是由浊流沉积作用而形成的岩石组合。狭义的浊积岩（典型浊积岩）是指可以用鲍马序列描述、由经典浊流沉积而形成的；广义的浊积岩是指形成于深水环境的各种类型重力流沉积物及其所形成的沉积岩的总称。它既包括典型浊积岩，也包含不能用鲍马序列描述的岩系（通常所说的沟道浊积岩），如块状砾岩、块状砂砾岩、块状砂岩，或由顺坡的块体运动形成的一些滑塌堆积，甚至包括远洋泥页岩等。

三、砂质碎屑流相关概念及研究进展

Shanmugam 等研究了法国东南部阿尔卑斯山脉地区 Annot 砂岩、北海白垩系和古新统深水块状砂岩、挪威海域白垩系、尼日利亚滨外上新统、加蓬滨外的白垩系、墨西哥湾的上新统—更新统，以及阿肯色州和俄克拉何马州沃希托山脉的宾夕法尼亚系，认为许多以前解释为高密度浊流成因的沉积应该为砂质碎屑流和底流改造成因，只有一小部分才是真正的浊积岩（图 2–3）。构成这种重新解释的基础是对厚 6402m 常规岩心和 365m 露头剖面的详细描述。

粒度	Bouma（1962）		Middleton and Hampton（1973）	Lowe（1982）	Shanmugam（1997）
Mud	Te	水平纹层或块状	深海沉积或低密度浊流沉积	远洋或半深海沉积	远洋或半深海沉积
Sand Silt	Td	水平纹层	浊流沉积	低密度浊流沉积	底流改造沉积
	Tc	沙纹交错层理			
Sand to granute	Tb	平行层理			
	Ta	块状或正粒序层		高密度浊流沉积	砂质碎屑流 浊流沉积（具正粒序层）

图 2–3 鲍马序列的重新解释（据 Shanmugam，1997）

1. *砂质碎屑流的概念*

依据 Shanmugam 有关古代深水块状砂岩的研究，认为砂质碎屑流沉积物在很大程度上未受重视，常常误解为高密度浊积岩，其原因是人们思维中浊积岩占主要因素。在黏性和非黏性碎屑流之间存在连续的各种作用，在沉积物重力流广为接受的分类中很少涉及。一个例外是 Shultz（1984）的碎屑流分类方案。Shanmugam（1996）修改了 Shultz（1984）的分类，增加了砂质和泥质碎屑流（图 2–4）。

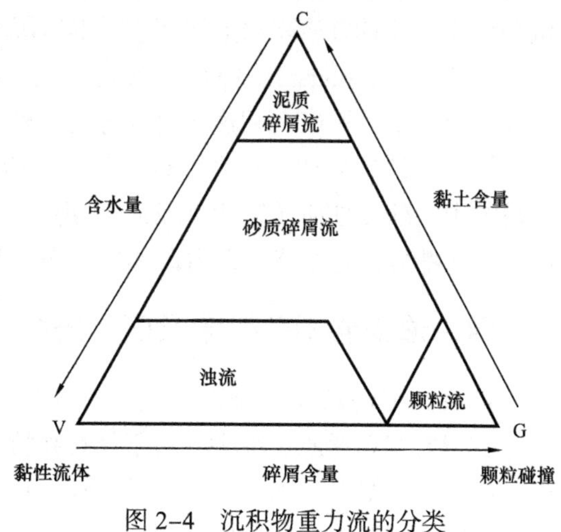

图 2–4 沉积物重力流的分类（据 Shanmugam，1996）

砂质碎屑流代表在黏性和非黏性碎屑流之间的连续作用过程，从流变学特征看属于塑性流，其沉积物支撑机制包括基质强度、分散压力和浮力，顶部具有或不具有紊流云团（图 2–5）。其特征是层状流，颗粒浓度中等至较高，泥质含量低至中等，没有准确的颗粒浓度和基质含量数据，因为它们随着颗粒粒度和组分的变化而变化，常见有细粒砂岩。虽然术语“碎屑流”暗示存在较大的碎屑，但大的碎屑也可能很少和缺失。术语砂质块状流也是合适的，因为块状流指连续的沉积物重力流，其流动的特点表现为塑性流而非流体。

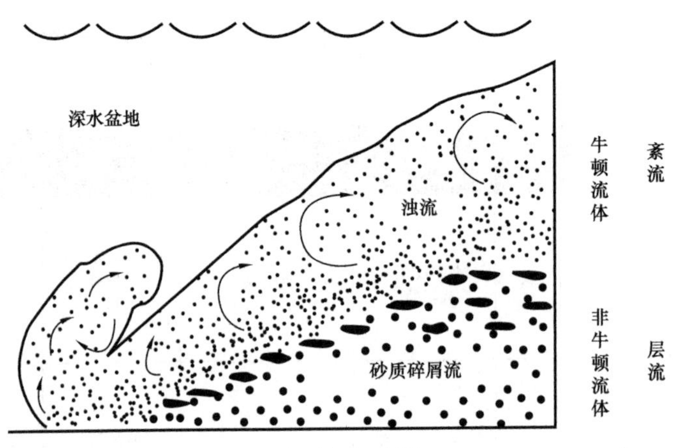

图 2–5　砂质碎屑流的成因解释（据 Shanmugam，2000）

2. 砂质碎屑流沉积的鉴别标志

据 Shanmugam 和 Moiola（1995，1997）研究，砂质碎屑流可从以下几个方面进行鉴别：(1) 在底部具剪切带的块状砂岩，其剪切特征可用以指示块体运动是在一个滑动面上曾发生过滑动作用；(2) 在块状砂岩层的顶部附近有漂浮的泥岩碎屑集中存在的现象；(3) 在砂质碎屑流沉积中，泥岩碎屑可能表现出逆粒序特征；(4) 在细粒砂岩中有漂浮的石英砾石和碎屑出现；(5) 板条状碎屑组构和易碎的页岩碎屑存在，可以揭示流体的纹层状流体特征；(6) 上部接触面为不规则状，其沉积几何形体具侧向尖灭的特征，它揭示了原始沉积体的整体冻结过程；(7) 碎屑杂基的存在，它指示了流体的高浓度流动和塑性流变学特征。

3. 碎屑流沉积模式

以 Shanmugam 为首的一批学者在对原先被认为是浊积海底扇的地区进行了重新研究后发现。实际上，在这些地区能称得上是浊积岩，真正具有正常递变层理的鲍马序列是很少的，而主要是砂质碎屑流沉积。这些新的研究成果，极大地动摇了曾广为流行的海底扇沉积模式（即具有浊积水道和沉积舌形体沉积）在深水砂岩解释中的地位。

由此，Shanmugam（1996，1997，2000）提出了深水砂岩的碎屑流沉积模式（图 2–6），以碎屑流为主的海底沉积模式可划分为两种类型，即非水道体系和水道体系。前者，如现代北海深水储集砂体，后者如现代的密西西比外扇和尼日利亚海岸的 Edop 油田。在碎屑流模式中，陆棚性质（富含砂或泥）、海底地形（平缓或不规则）、沉积过程（垂直沉降或冻结）这些因素将最终控制着砂体的分布和几何形体。

四、浊积岩相关概念及研究进展

1. 浊积岩的沉积特征及其成因解释

浊积岩在其形成过程中，由于具有独特的水动力学特征，可以形成一些特定的沉积结构、构造及其组合，加上其沉积环境较为特殊，生物活动也可随之留下一定的特征。这些都是识别浊流沉积的良好标志。

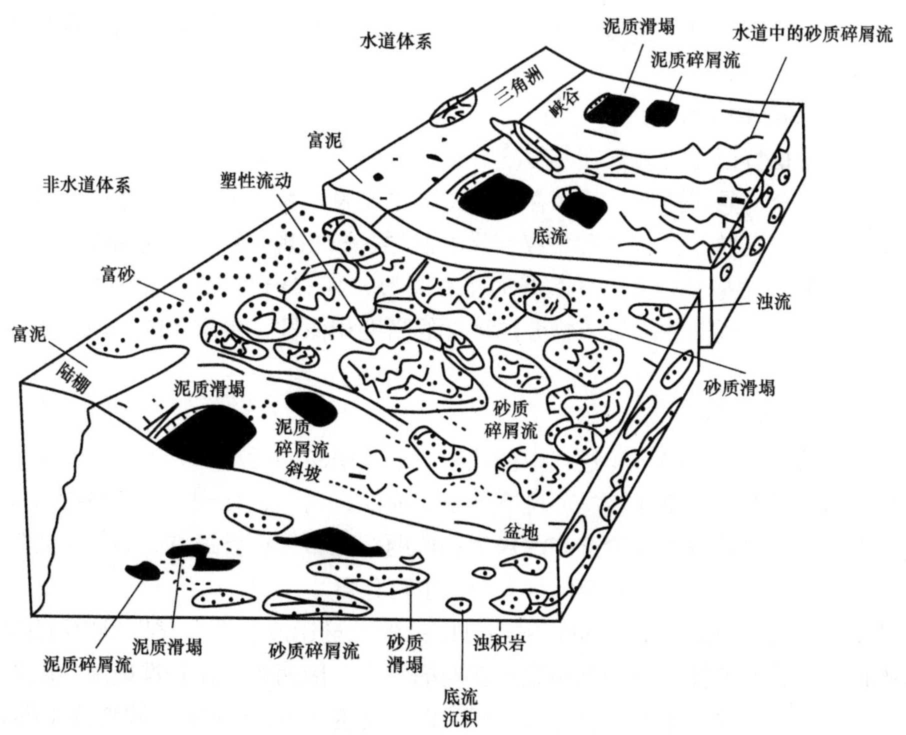

图 2-6　砂质碎屑流沉积模式（据 Shanmugam，2000）

1）浊积岩的构造特征

（1）内部构造特征粒级递变韵律层是浊积岩特有的内部构造，它的形成是粗细混杂的悬浮物质，在水动力条件逐渐减弱的情况下依次发生有序沉积而致。每个粒级递变韵律层内部都具有不同特征的垂向构造序列，这就是通常所说的鲍马序列。现在认为，一个完整的浊积岩层序，自下而上由五个单元（即鲍马段）所组成。① a 段：粒序递变段；② b 段：下部平行纹层段；③ c 段：波痕纹层段或称变形纹层段；④ d 段：上部平行纹层段；⑤ e 段：泥质段。通常情况下，这种完整的 Ta—e 组合较为少见，大多浊积岩序列都是不完整的。Bouma 针对各种序列的组合关系，将浊积岩序列大致分为三种类型：①缺底序列，如 Tb—e、Tc—e、Td—e、Te；② 顶部削截序列，如 Ta、Ta—b、Ta—c、Ta—d；③ 顶削底缺序列，如 Tb、Tb—c、Tc 等。除了粒序递变层理之外，某些非鲍马序列浊积岩中还出现了一些其他沉积构造单元，如：① 块状砂岩（Massive Sand-stone），其内可具“碟状”构造，也可不具碟状结构，前者由液化沉积物流或颗粒流沉积而成，后者由碎屑流的快速凝固堆积而成；② 含卵石砾岩（Eonglomerates），其内部可显沉积构造也可不显沉积构造，成因可有多种解释；③ 碎屑充填砾岩，其内砾石具定向排列，呈叠瓦状构造。它的形成或者由大规模的泥石流紊乱堆积而成；或由于流体的搅动和碎屑之间的碰撞，使碎屑悬浮在水道里的流体中，从而形成有粒级递变的各种砾岩。

（2）浊积岩在其形成过程中，底部往往发育各种印模构造。这些构造有两种成因：一是由沉积物表面上的水流作用而成，如槽模和沟模；二是由含水的塑性软泥上的不均匀负载作用所形成，即重荷模。它们不仅是识别浊流沉积的重要辅助标志，而且也是确定浊流流向的最好标志。

2）浊积岩的结构特征

浊积岩的结构特征主要表现在其粒度分布上。由于浊流密度大、流速快，其内沉积物的搬运方式几乎全为悬浮搬运，故而在概率图上主要表现为一条斜率较缓的直线。而且直线往往由陡变缓，反映了浊积过程中存在递变悬浮，较粗颗粒随重力分异显著。在 *C—M* 图上，浊流沉积颗粒呈平行 *C—M* 基线的特有图形，其 *C* 值与 *M* 值始终成比例增加，两者协调一致。这不仅说明浊流沉积物分选程度的高度相似性，更重要的是说明了浊流的递变悬浮搬运特征。

3）浊积岩的生物特征

由于浊流从形成到最终沉积过程中往往经历较长距离的搬运，其生物化石组合包含着原地和异地两种类型。对于在浅海环境下形成的浊流，当它运移到深海环境中沉积时，其生物化石组合就包含着浅水生物群和深水生物群两类化石，而且通常是砂体中含搬运而来的浅水生物群化石，页岩、泥岩中保存有深水生物化石。

除了生物化石特征以外，浊积岩中还可以见到大量遗迹化石，它们形成特定的组合。由于遗迹化石具有原地性，不受沉积搬运影响的特点，因而可以比较准确地反映当时的沉积环境。浊积岩中的遗迹化石主要为深水型，以觅食迹（*Fodichnia*）、牧食迹（*Pasichnia*）和耕作迹（*Agriehnia*）占绝对优势。

除上述三方面特征以外，浊积岩的成分也有其独特性。由于浊流中沉积颗粒以粗细混杂的悬浮物质为主，且浊流沉积过程往往比较快速，故沉积物不能经受较好的分选，大多形成一种杂砂岩。当然，具体的每一浊积岩的成分主要受其形成的大地构造背景所控制，不同大地构造背景下形成的浊积岩都有不同的矿物成分和化学成分。

如果孤立地从以上某一特征出发来判定浊积岩，那是不可靠的。必须综合地利用这些特征，才能准确地识别浊积岩。

2. 浊积相的划分及浊流沉积模式

1）浊积相的划分

迄今为止，关于浊积相的划分一直有争议，许多学者各自提出过划分方案。究其原因，主要有两点：一是源自人们对“相”这一概念的理解不同，因而对“浊积相”的理解和定义也同样纷繁杂乱；二是源自对浊积相的划分依据不同，即大家都侧重于从不同的角度来考察划分浊积相。

在众多浊积相划分方案中，以 Mutti 和 Rieei Lueehi 及 Pikering 和 Stow 等的划分方案最为实用，也获得了广大学者的承认，得到了普遍的应用。下面简要介绍一下这两种浊积相的划分方案。

（1）Mutti 和 Ricci Lucchi 的浊积相划分方案。

Mutti 和 Ricci Lueehi 定义的“相”指“一组岩石，它们具有特定的岩性、层序、沉积构造及结构特征”。据此，他们将浊积相划分为五个浊流相（相 A、相 B、相 C、相 D、相 E）及两个与其伴生的非浊流相（相 F、相 G），共七个相，它们分别为：① 相 A，砂质砾岩相；② 相 B，砂质岩相；③ 相 C，泥质砂岩相；④ 相 D，砂质泥岩相 Ⅰ；⑤ 相 E，砂质泥岩相Ⅱ；⑥ 相 F，混杂相；⑦ 相 G，半远洋—远洋沉积相。

Mutti 和 Ricci Lucchi 对上述每个相的岩性特征（粒级、层厚、砂 / 泥比、层间接触关系及岩层水平延伸特点等）、沉积结构构造特征（层理类型、底面构造）、层序变化特点都做了详细的介绍，还对各个相的沉积机制进行了解释。这一分类不仅较好地总结了浊积岩的形态学特征，而且也给出了它们的成因解释。

（2）Pikering 和 Stow 等的浊积相划分方案。

Pikering 和 Stow 等总结了以往的浊积相划分方案，在研究所存缺陷的基础上，提出了一个包括所有深水沉积相在内的划分方案，从而将上述分类进一步加以扩展，使其变得更加全面、完善。首先，他们定义“相”为“具有特定的物理、化学和生物特征的沉积岩（或沉积物）体”。然后，依据岩层的形态、厚度、沉积构造、成分和结构将深水沉积相划分为 7 相类（Class）、15 相组、41 个相（Facies）（图 2-7）。

相类		相组	相							
			1	2	3	4	5	6	7	8
A	砾岩、泥质砾岩、含砾泥岩、含砾砂岩	A_1无层理构造								
		A_2有层理构造								
B	砂岩	B_1无层理构造								
		B_2有层理构造								
C	砂—泥岩互层或泥质砂岩	C_1无层理构造								
		C_2有层理构造								
D	粉砂岩、粉砂质泥岩或细砂岩泥岩互层	D_1无层理构造								
		D_2有层理构造								
E	泥岩或黏土	E_1无层理构造								
		E_2有层理构造								
F	混杂堆积	F_1外来碎屑								
		F_2包卷层或生物搅动层								
G	生物软泥、半远洋或生物化学沉积	G_1生物软泥、灰泥								
		G_2半远洋沉积								
		G_3生物化学沉积								

图 2-7　深海沉积相的分类（据 Stow，1956；Pikering 等，1986）

这实际上是一个三级单元分类。一级单元为相类，其划分依据为粒级或内部结构；二级单元为相组，划分依据为原始沉积构造的有无及一些特殊的成因类型；三级单元为相，其划分依据更为灵活多样。Pikering 等对每个相、相组、相类的沉积特征都进行了详细的描述，并对其沉积与搬运机制做了解释。这一分类具有极大的实用性，对于所有深海沉积，都可以很容易地找到其沉积物的分类位置，而且还可得到它们的成因解释。

2）浊积岩相模式

关于浊积岩的相模式，同浊积相的划分一样，也一直是人们争议的焦点之一。迄今所建立的浊积岩相模式，甚至远较浊积相的划分方案为多，其原因除了由于人们对相模式这一概念的理解不同所造成的之外，更主要的是由于人们多是从不同的角度、不同的层次和不同的规模（时间和空间规模）来考察浊流沉积，建立各自的相模式，这样就不可避免地产生了许多浊积相模式了。

如果把“相模式”理解为“反映沉积构造和沉积特征的标准层序，其沉积物由同一事件或特定过程所产生”，那么，对于浊积岩而言，首先值得一提的当属 Bouma 所创立的相模式，即通常所说的鲍马层序或鲍马序列。这一相模式已经得到了广泛的承认与应用，它是解释和描述砂质浊积岩的经典之作。然而对于广泛发育的砾质浊积岩或泥质浊积岩，鲍马序列就无法加以概括了。

为此，Lowe 建立了砾质和砂质高密度浊流的相模式，解决了部分砾质粗粒浊积岩的标准层序及其成因问题。在他建立的相模式中，一个完整的高密度砂砾质浊流沉积层序自下而上可划为六个层，即 R_1、R_2、R_3、S_1、S_2、S_3 层（图 2–8）。

其中 R_1 为具牵引层理构造的粗砾岩层，其沉积机制为拖曳沉积；R_2 为反粒序砾岩层，沉积机制为牵引毯沉积；R_3 为正粒序砾岩层，其沉积机制为悬浮沉积。以上三个层序为粗粒砾质沉积。当浊流中砾质碎屑沉积以后，则成为砂质高密度浊流，它随水动力条件的减弱，依次又形成以下三个类似的砂质层序：S_1 为具牵引构造（即水平或丘状交错层理）的砂岩层；S_2 为薄层状具反粒序的砂岩层；S_3 为无沉积构造或具正粒序的砂岩层。

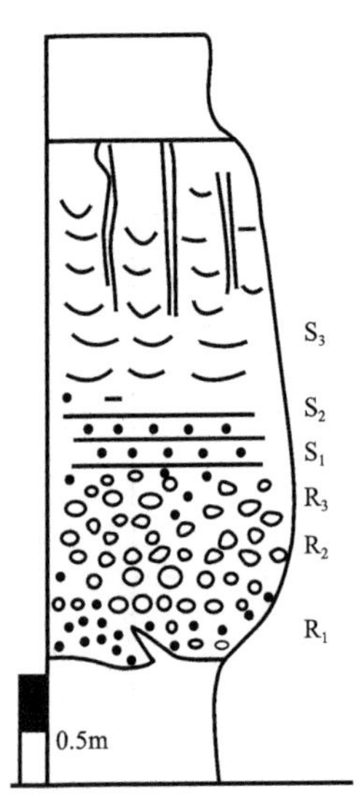

图 2–8　高密度浊流沉积层序标准模式图（据 Lowe，1982）

当然这种完整的层序只是一个理想化的模式，对于大多数高密度浊流来说，其沉积层序往往只出现其中的几个层段。

与此相对应，Stow 和 Piper 则建立了细粒（粉砂质、泥质）浊积岩的相模式（图 2–9）。在 Stow 的相模式中，将一个完整的层序自下而上划分为九个组成部分：T_0 消退波纹层段；T_1 具粉砂岩包卷纹层的泥岩段；T_2 低幅波纹层段；T_3 清晰水平层段；T_4 不明显水平层段；T_5 束状纹层段；T_6 粒序层段；T_7 非粒序层段；T_8 薄层生物扰动层段。而在 Piper 建立的相模式中，将浊积层序自下而上划分为三段：E_1 段，粉砂质为主的粒序泥岩段；E_2 段，粒序泥岩段；E_3 段，非粒序泥岩段。两者相比，显然 Piper 的相模式较为简便，且易用于泥质浊积岩的野外描述，但 Stow 的相模式则具有较高的理论价值。因此，如果我们把两人的相模式结合起来，就可以很好地解释和描述细粒浊积岩的沉积层序了。

除了上述对“相模式”的理解和定义之外，它还有另一种含义，即“相模式”可以是一个反映在特定沉积环境下所形成的特定沉积相的空间组合。从这种意义上来说，浊积相模式还可以理解为浊积相的空间组合模式，即相当于 Mutti 和 Rucci Lucchi 等所说的浊积相组合。

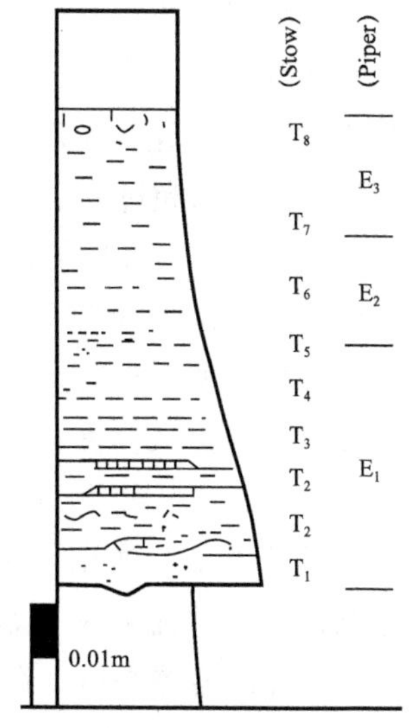

图 2–9 细粒浊积岩相模式图（据 Piper，1978；Stow，1984，1986）

根据这种理解，人们又建立了许多浊积相模式。这些浊积相模式，表面看起来各不相同，所用术语也很难统一，但从根本上来看都可以归纳总结为一个最一般的浊积扇相模式，这在许多沉积学教材中都做了很好的总结。

众多浊积相模式的建立，虽然为我们研究浊流沉积提供了很多有益的参照，但正如 Normark 等所指出的那样，其中不少模式并没有充分考虑浊积岩形成的各种相互作用的因素，以及浊流在其形成过程中不同阶段所具有的不同特点，因而往往引起人们对其研究的误导。我们必须灵活运用这些浊积模式，才能较为准确地解决实际问题。

五、浊积岩与砂质碎屑流的区别

1. 流体流变学上的区别

流体流变学，是主要研究剪切应力与剪切应变率相互间的关系。根据对浊流和碎屑流流变学特征进行的研究，表明浊流为牛顿流体，碎屑流为宾汉塑性体（图 2–10）。

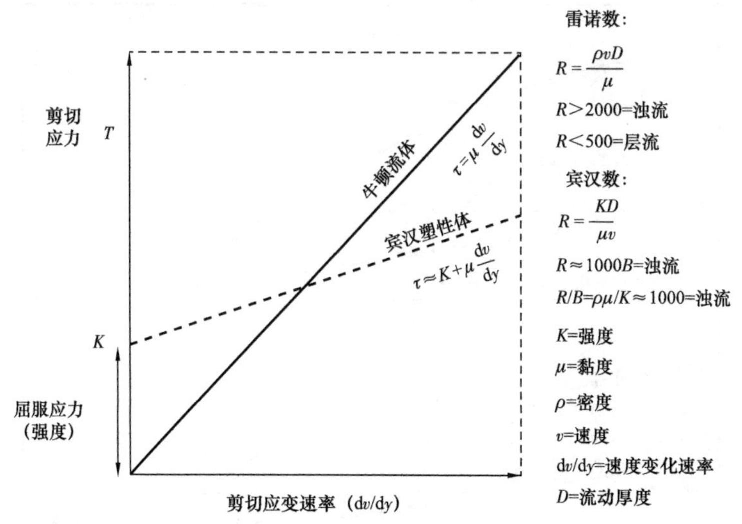

图 2–10 牛顿流体和宾汉塑性体的流变学特征（应力—应变关系）（据 Shanmugam，1997）

所谓牛顿流体，是指流体本身并不具备固有内在的强度，例如水。相反，宾汉塑性体则具有屈服强度。从图中可看出，牛顿流体的变形是与所施加的应力呈线性正相关的，紊流的判别值是雷诺数（R），即当 $R>2000$ 时，就开始有紊流发生。而宾汉塑性体则是要当所施加的应力超过一个临界值后，变形才开始出现并呈线性正相关。其发生紊流的判别值应为雷诺数值（R）和宾汉值（B）。据 Penos（1977）研究，虽然碎屑流可以发展成紊流，但这并不是碎屑流的典型特征；相反，纹层状流动才是其识别标志。即在线状流动间无流体的混合现象发生。

由此，可以认为浊流是一个由水和固体组成的二相流动，碎屑流则是一相流动。其整个流动体经历了较大而又连续的形变（Coussot 和 Meunier，1966）。二者的区别首先表现在流动状态上，浊流是完全呈紊流状的而碎屑流则表现为纹层状流动。其次，在物质搬运状态上，浊流表现为紊流支撑的悬浮搬运；而碎屑流表现为由杂基强度、分散压力和浮力支撑的悬浮搬运。在流体物质浓度上，浊流沉积物的浓度较低，一般为 1%～23%（Middleton，1993）；相反，在碎屑流中较高，一般为 50%～90%（Coussot 和 Meunier，1996）。最后，在沉积物沉积方式上，浊流表现为沉积颗粒由悬浮状态的顺序沉降，而碎屑流则表现为沉积物的整体冻结（图 2–11）。

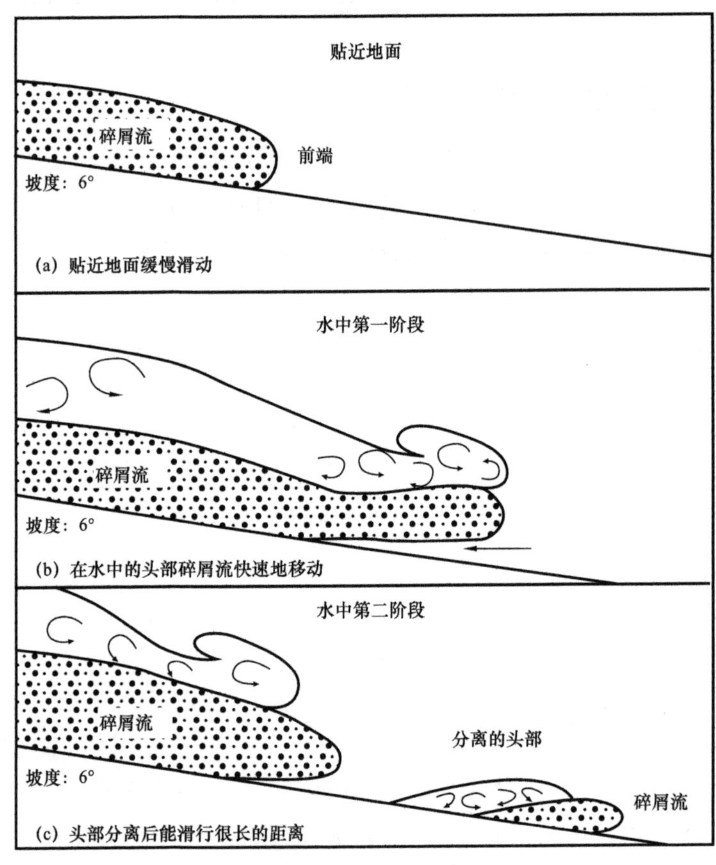

图 2–11　碎屑流的三个过程（据 Shanmugam，2002）

2. 沉积模式上的区别

砂质砂屑流可以形成舌状的砂体，但它们与经典浊流在海底扇中形成的沉积舌形体是不同的。经典的浊流在平面上呈扇形，水道砂体在剖面上呈孤立的透镜状，扇体在剖面上表现为厚层块状砂体；砂质砂屑流在平面上呈不规则舌状体，在平面上有三种形态：孤立的舌状体、叠加的舌状体、席状的舌状体，它们在剖面上分别呈孤立的透镜状、叠加的透镜状和侧向连续的砂体（图 2–12）。

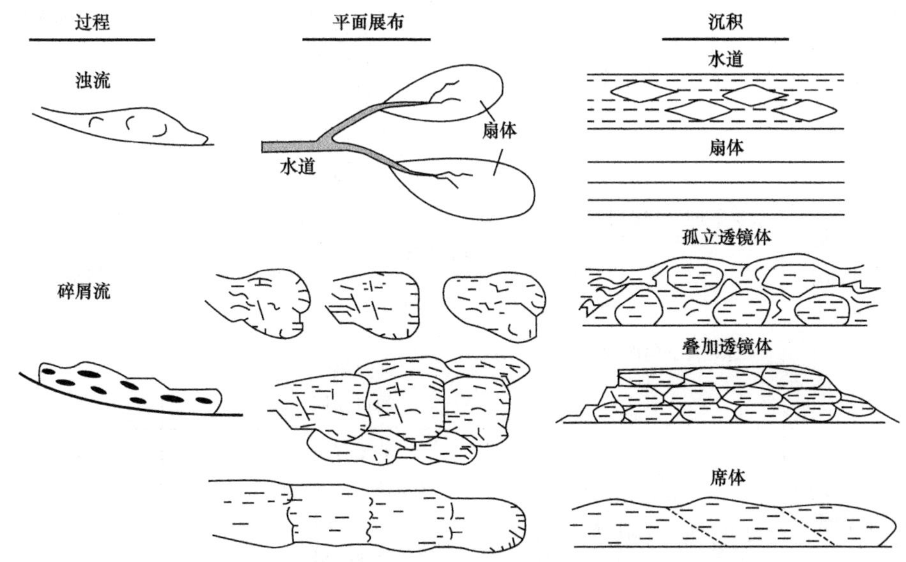

图 2–12　浊流与碎屑流的平面展布和剖面特征（据 Shanmugam，2000）

总体上来说，浊流和砂质碎屑流形成的搬运作用在力学性质和载体上的差异，使得二者在诸多方面都有一定的区别，主要体现在以下几个方面：（1）在流动状态上，浊流是完全呈紊流状，而碎屑流则表现为层流状流动；（2）在物质搬运状态上，浊流表现为紊流支撑的悬浮搬运，而碎屑流表现为由杂基强度、分散压力和浮力的支撑；（3）沉积构造方面，浊流沉积发育完整或是不完整的鲍马序列，具粒序递变层理；而砂质碎屑流沉积为块状层理，砂岩内部偶见呈悬浮状零散分布泥砾，且有拖长变形现象；（4）空间展布特征（图 2–12），浊流沉积有水道扇体，横向上分布相对稳定，剖面呈薄层席状（扇中）或透镜体（扇根）；砂质碎屑流沉积呈孤立或连续不规则舌状，横向变化快，剖面呈孤立或叠加透镜体；（5）分布位置上，浊流沉积分布于流体的顶部或是前端。

第三节　沉积相划分及标志

通过对研究区内 30 口井取心井累计约 1010m 长岩心的观察和描述，将鄂尔多斯盆地长 7 段沉积体系划分为辫状河三角洲、曲流河三角洲、沟道型（非扇形）重力流沉积和湖泊 4 个相、8 个亚相及若干微相（表 2–3）。

表 2-3　鄂尔多斯盆地长 7 段沉积体系划分

沉积体系（相）	亚相	微相	分布区域
辫状河三角洲 沉积体系	辫状河三角洲平原	心滩 分流河道 河道间洼地 河道侧缘（天然堤、决口扇）	鄂尔多斯盆地 西南部
	辫状河三角洲前缘	水下分流河道 分流间湾 河道侧缘 河口沙坝	
曲流河三角洲 沉积体系	曲流河三角洲平原	分流河道 河道间洼地 河道侧缘（天然堤、决口扇）	鄂尔多斯盆地 东北部
	曲流河三角洲前缘	水下分流河道 分流间湾 河道侧缘 河口沙坝	
沟道型（非扇形） 重力流沉积体系	水道 堤岸 前端朵叶体	滑塌沉积 砂质碎屑流沉积 浊流沉积 原地沉积	陇东地区
湖泊	半深湖—深湖	半深湖—深湖泥	鄂尔多斯盆地 中部

一、辫状河三角洲沉积的相标志

1. 泥岩和生物标志

颜色是沉积岩最直观、最明显的标志，它是沉积环境的良好指示。水体较深或还原环境中形成的岩石颜色多为深色即还原色，主要表现为灰色、深灰色、灰褐色、灰黑色和黑色等；水体较浅或氧化环境中形成的岩石颜色多为浅色即氧化色，主要表现为灰白色、浅灰色、紫红色等。河流、三角洲平原处于暴露环境，其沉积物颜色主要表现为白色、褐黄色、紫红色等；三角洲前缘、前三角洲和浅湖的砂岩水体较浅，一般为灰色、深灰色；而深湖亚相粉砂质泥岩、泥岩一般处于还原环境，颜色主要为灰黑色或黑色；分流间湾处的粉砂质泥岩、泥岩一般处于半还原环境，多为灰绿色。研究区长 7 段沉积期泥岩以灰色为主，并常见植物碎屑，反映出浅水沉积环境（图 2-13、图 2-14）。

2. 沉积构造标志

沉积构造（这里主要指流动成因的沉积构造）记录了地层在初始沉积时的环境、气候等多方面的因素。因此，对其进行研究对于确定沉积环境、划分沉积微相具有十分重要的作用。

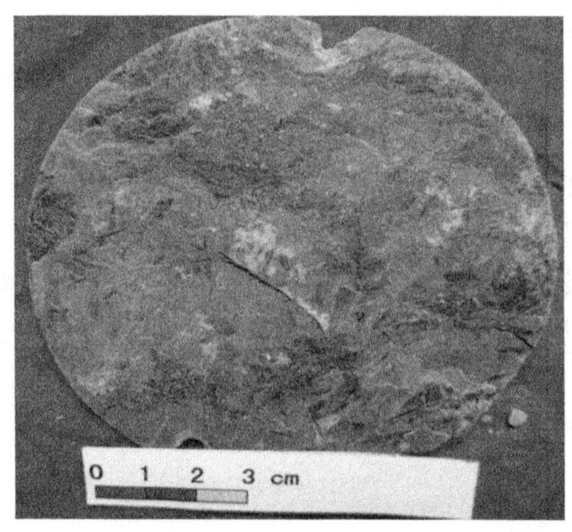

图 2-13　A74 井，长 7_1 亚段，2015.68m，灰色泥岩、含大量植物碎屑

图 2-14　X36 井，长 7_3 亚段，2161.6m，灰色泥岩、含大量植物碎屑

对研究区取心井进行岩心观察，可见到多种沉积构造。在岩心中可见多种交错层理和平行层理等三角洲中常见的沉积构造。

1）交错层理

交错层理是最常见的一种层理，它也是最有价值的指向构造，可以确定古水流系统。同时它还可以提供水流因素的重要证据。交错层理在层的内部由一组倾斜的细层（前积纹层）与层面或层系界面相交，又称斜层理。

交错层理是由沉积介质的流动造成的。研究区多见小型槽状交错层理（图 2-15）。槽状交错层理主要由沙丘迁移形成，层系呈槽状（图 2-16），槽的宽度和深度可从几厘米到数米，水浅流急的高流态条件下，逆行沙丘迁移形成逆行沙丘交错层理。常与上下交错层理的细层倾向相反，并与平行层理共生。

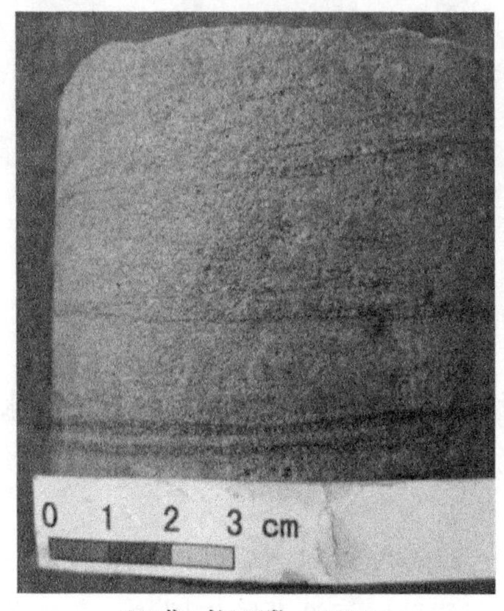

Q24井，长7_3亚段，1119.1m

H54井，长7_3亚段，2714.95m

图 2-15　槽状交错层理

G23井，长7_1亚段，2014m

图 2–16 平行层理

2）平行层理

平行层理主要产于砂岩中，在外貌上与水平层理相似，其特征是：纹层较厚，可达几厘米，纹层之间没有清晰的界面，只能通过细微的粒度分辨，但层理易剥开，在剥开面上有剥离线理构造。平行层理是在较强的水动力、高流态条件下床沙迁移，床面上连续滚动的砂粒产生粗细分离而显出的水平纹层（图 2–16）。平行层理一般出现在急流及能量高的环境中，如河道、湖岸等，常与大型交错层理共生。

3. 粒度特征

1）粒序特征

岩心观察发现，多井段岩心在垂向粒度变化上具有明显地向上变细的特征，这种沉积序列代表了三角洲（水下）分流河道沉积（图 2–17）。

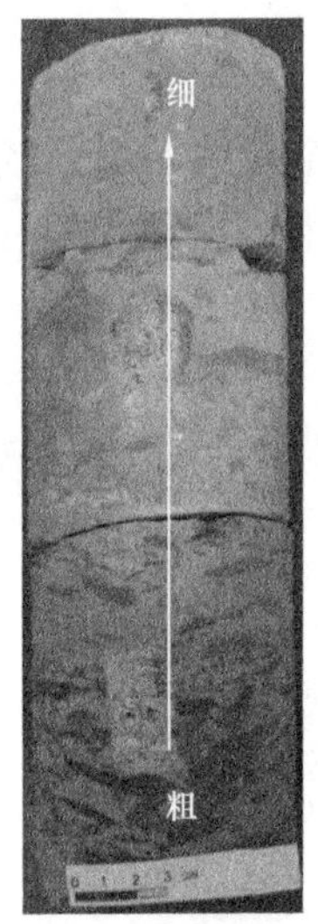

Y20井，长7_1亚段，2623.33～2623.65m

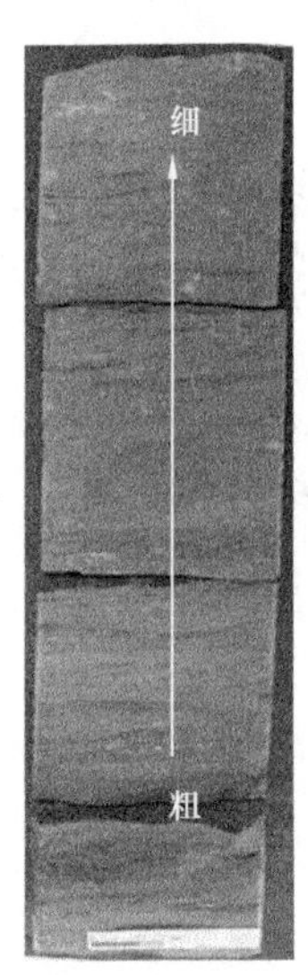

H54井，长7_2亚段，2693.31～2693.75m

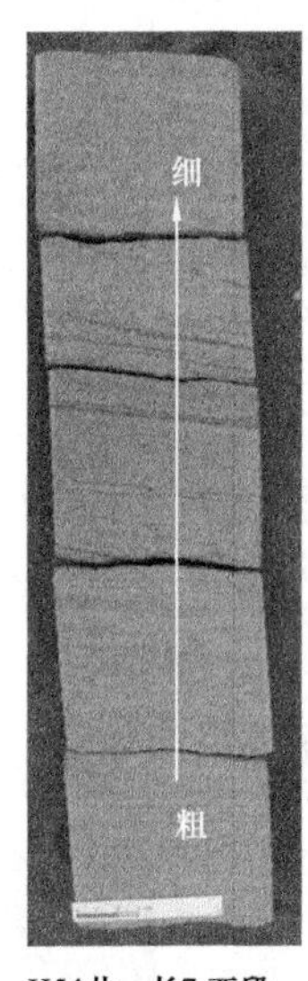

H54井，长7_1亚段，2654.67～2655.07m

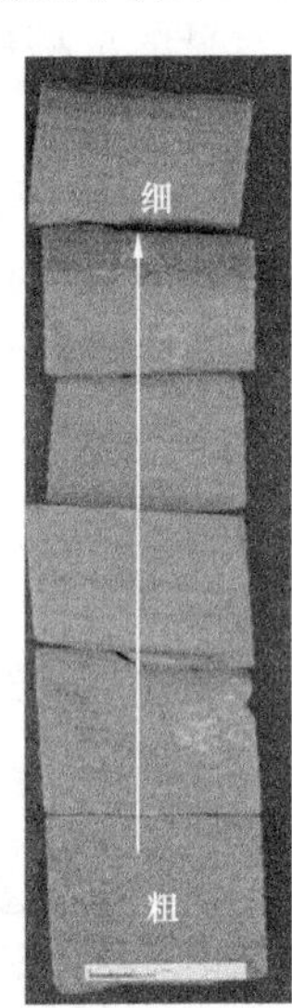

H54井，长7_1亚段，2645.33～2646.03

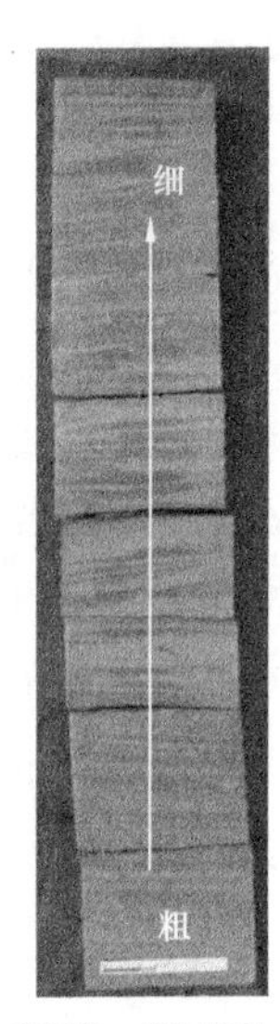

H54井，长7_1亚段，2659.03～2659.89m

图 2–17 粒度向上变细的沉积序列特征

2）粒度概率曲线特征

碎屑岩的粒度分布特征是衡量沉积介质能量的度量尺度，是判别沉积环境及水动力条件的较好指标。应用粒度分布概率曲线图建立沉积环境的典型模式，已成为沉积环境和相分析中重要的方法和手段。

长 7 段粒度概率曲线以两段式为主（图 2–18），粒度较细，分别代表了以河流作用为主要沉积营力的三角洲分流平原亚相的分流河道沉积及以河湖共同作用的三角洲前缘水下分流河道和席状砂沉积。

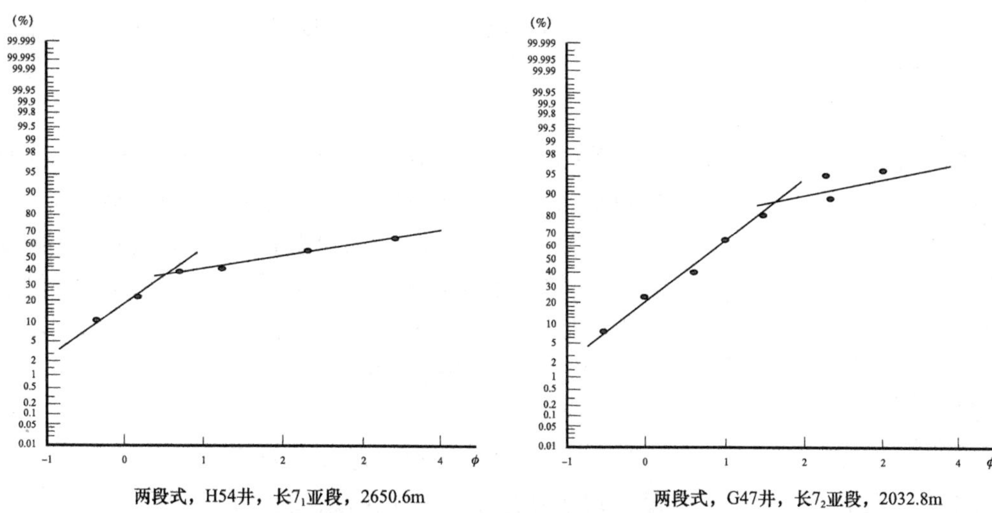

两段式，H54井，长7_1亚段，2650.6m　　两段式，G47井，长7_2亚段，2032.8m

图 2–18　长 7 段储层粒度概率曲线图

二、重力流沉积的相标志

关于重力流沉积的划分方案比较多，Nardin 等根据块体搬运所受的力学性质将块体搬运沉积划分为岩崩、滑坡、沉积物重力流三大类，然后根据沉积物搬运和支撑机理进一步将滑坡分为滑动、滑塌，将沉积物重力流划分为岩屑流、颗粒流、液化流、流化流及浊流（表 2–4）。

表 2–4　根据力学性质划分的块体搬运类型（据 Nardin 等，1979）

<table>
<tr><th colspan="4">块体搬运作用</th><th>力学性质</th><th>沉积物搬运和支撑机理</th><th>沉积物构成</th></tr>
<tr><td colspan="4">岩崩</td><td rowspan="8">弹性
塑性界线
塑性
流体界线
黏性</td><td>沿较陡斜坡以单个碎屑自由崩落为主，滚动次之</td><td>颗粒支撑砾石，无组构开放网络中杂基含量不等</td></tr>
<tr><td rowspan="2" colspan="2">滑坡</td><td colspan="2">滑动</td><td>沿不连续剪切面崩塌，内部很少发生变形或转动</td><td>层理基本上连续未变形，可在趾部和底部发生某些塑性变形</td></tr>
<tr><td colspan="2">滑塌</td><td>沿不连续剪切面崩塌，伴有转动，很少发生内部形变</td><td>具有流动构造，如褶皱、张断层、擦痕、沟模、旋转岩块</td></tr>
<tr><td rowspan="5">沉积物重力流</td><td rowspan="2">块体流</td><td colspan="2">岩屑流</td><td rowspan="2">剪切作用分布在整个沉积物块体中，杂基支撑强度主要来自黏附力，次为浮力，非黏滞性沉积物由分散压力支撑</td><td>杂基支撑，随机组构，碎屑的粒度变化大，杂基含量不等</td></tr>
<tr><td>颗粒流</td><td>惯性
黏性</td><td>块状，长轴平行流向并有叠覆构造，近底部具反向递变层理</td></tr>
<tr><td rowspan="3">流体流</td><td colspan="2">液化流</td><td>松散的构造格架被破坏，变为紧密格架，流体向上运动，支撑非黏性沉积物，坡度＞3°</td><td rowspan="2">泄水构造，砂岩脉，火焰状——重荷模构造、包卷层理等</td></tr>
<tr><td colspan="2">流化流</td><td>孔隙流体逸出支撑非黏性沉积物，厚度薄（＜10cm），持续时间短</td></tr>
<tr><td colspan="2">浊流</td><td>由湍流支撑</td><td>鲍马序列等</td></tr>
</table>

通过对研究区取心井岩心观察和描述发现，长 7 段沉积期发育浊流和砂质碎屑流两类重力流沉积。

1. 浊流沉积鉴别标志

通常浊流的鉴别标志包括以下几项：（1）浅水陆源碎屑沉积与深水页岩韵律层；（2）具完整及不完整的鲍马序列；（3）具有包卷层理、槽模和重荷模等；（4）岩石颜色深，反映深水缺氧沉积环境；（5）粒度资料显示递变悬浮的沉积特点；（6）有高密度流动的侵蚀痕—底面印模构造。其中，研究区岩心观察见具有完整及不完整的鲍马序列和槽模、重荷模。

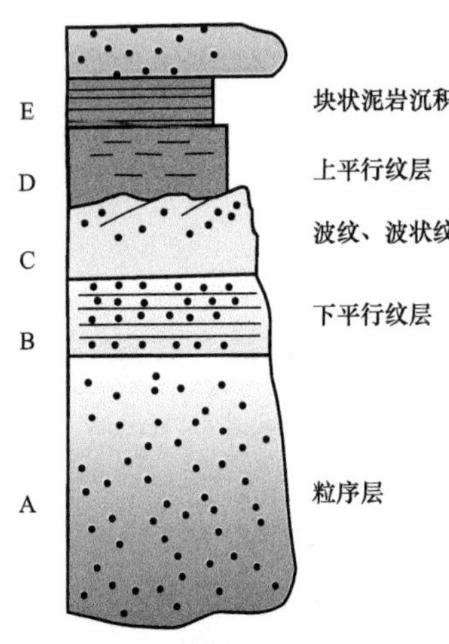

图 2-19　经典浊流沉积的鲍马层段（据 Bouma，1962）

1）鲍马序列

一个完整的浊积岩层序，自下而上由 5 个单元（即鲍马段）所组成：（1）A 段，粒序递变段；（2）B 段，下部平行纹层段；（3）C 段，波痕纹层段或称变形纹层段；（4）D 段，上部平行纹层段；（5）E 段，泥质段（图 2-19）。

研究区可见完整或不完整的鲍马序列沉积，沉积厚度差别较大（图 2-20），其中 A 端相对发育，具有明显的粒序变化特征。

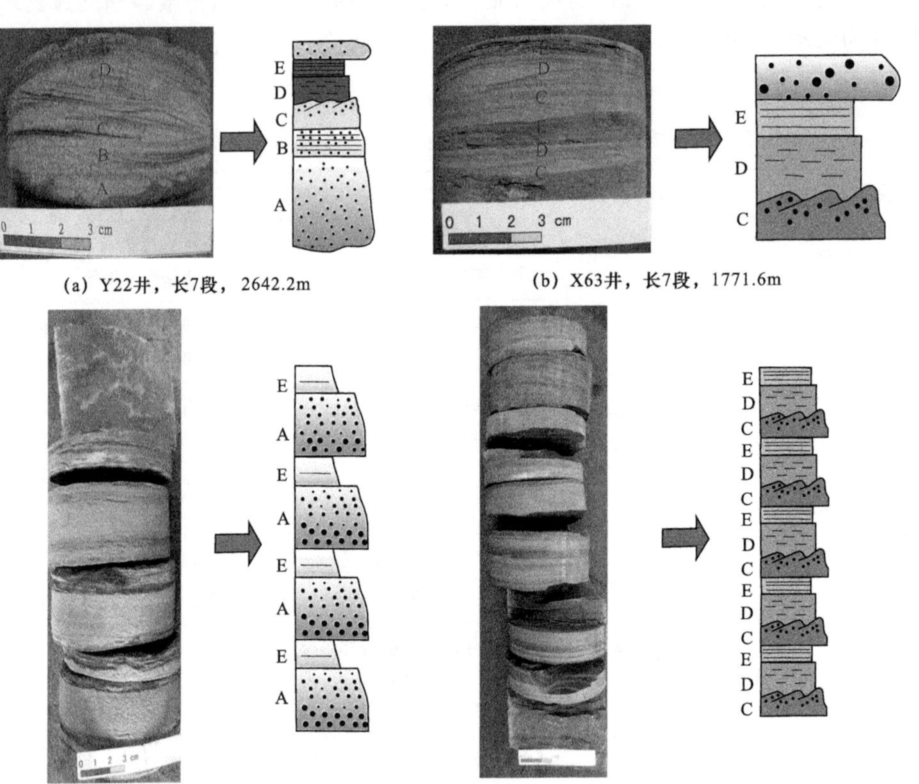

图 2-20　长 7 段浊流沉积鲍马序列沉积特征

2）重荷模与槽模

重荷模是同期变形构造之一，亦称负荷构造。一种形成于泥质岩层之上，砂质岩层底面上的印模。当泥质沉积物尚未凝固，处于可塑状态下，由于不均匀的负荷作用，上覆的砂质物陷入泥质沉积物中，结果在上覆岩层底面上产生突起的重荷模，突起部由粗粒砂或细砾石组成（图 2–21）。

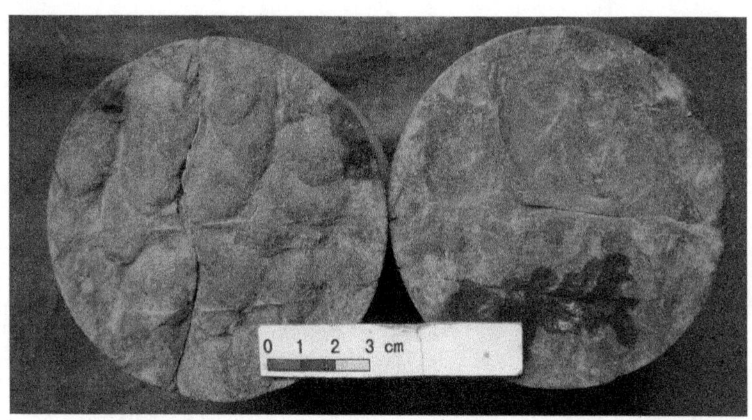

图 2–21　重荷模（Z70 井，长 7_1 亚段，1572.01m）

槽模指砂岩底面上的舌状凸起，一端较陡，外形较清楚，呈圆形或椭圆形；另一端宽而平缓，与层面渐趋一致。槽模是流水成因的，即具定向流动的水流在下伏泥质沉积物层面冲刷形成的小沟穴，后来又为上覆砂质沉积物充填而成。槽模的长轴平行水流方向，大小一般为 2～10cm，陡的一端指向上游（图 2–22）。

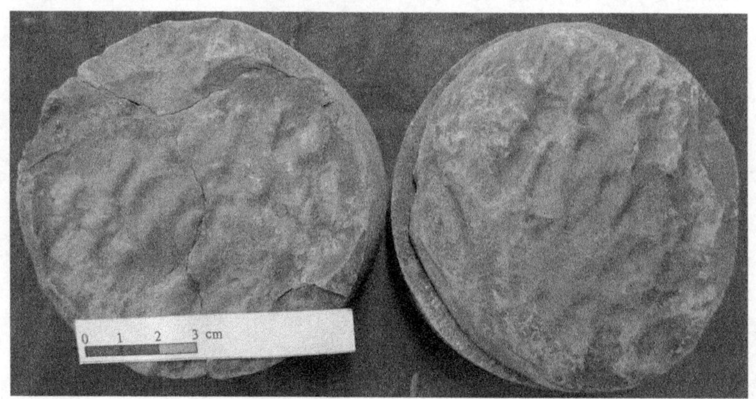

图 2–22　槽模（N34 井，长 7 段，1598.82m）

3）测井曲线特征

浊积岩单层厚数厘米到数十厘米，序列中每段单元厚度变化也较大。取心井浊积岩的曲线特征显示，浊积岩井段自然伽马曲线为中—高幅的锯齿状钟形（图 2–23）。据此，可对非取心井浊积岩进行辨识与划分。

2. 砂质碎屑流鉴别标志

砂质碎屑流是一种有别于黏性浊流的黏滞性塑性流体，沉积物呈连续的塑性块体状态被搬运。通常鉴别标志包括以下几项：（1）在块状砂岩的下部有时存在长条状泥质撕裂块或碎屑组构及流纹构造等（有时不发育），它们揭示了块体由于受剪切变形而呈黏性层状流动的特征；（2）块状砂岩层的顶部泥屑富集；（3）泥屑可表现出逆粒序特征；（4）漂砾石构造发育；（5）板条状碎屑组构和易碎的页岩碎屑存在；（6）在块状砂岩层的上部常有漂浮的不规则状泥质撕裂块、砂质团块及随机分布的碳质叶片等。

层位		RT 1 (Ω·m) 200 GR 50 (API) 300	深度(m)	剖面结构	沉积相		
段	亚段				微相	亚相	相
长7	长7_1				砂质碎屑流沉积	水道	沟道型重力流沉积
					浊流沉积		
					砂质碎屑流沉积		
					浊流沉积		
					砂质碎屑流沉积		
					浊流沉积		
					砂质碎屑流沉积		
					浊流沉积		
			1735		砂质碎屑流沉积		
					浊流沉积		
					砂质碎屑流沉积		

图 2-23　浊流沉积微相的测井响应特征（X66 井）

研究区砂质碎屑流沉积主要由灰色、褐灰色块状细砂岩构成，无粒序变化，沉积厚度较大，一般在 1m 以上，最厚可达 9m（图 2-24），测井曲线主要呈箱形（图 2-25）。

X85井，长7_3亚段，2084～2085.56m

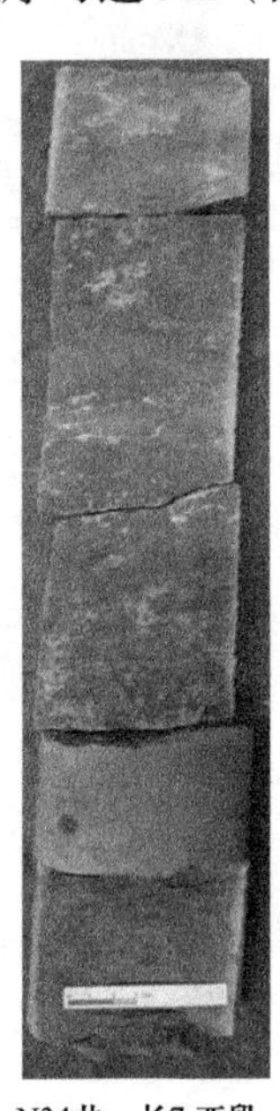

N34井，长7_1亚段，1619～1619.79m

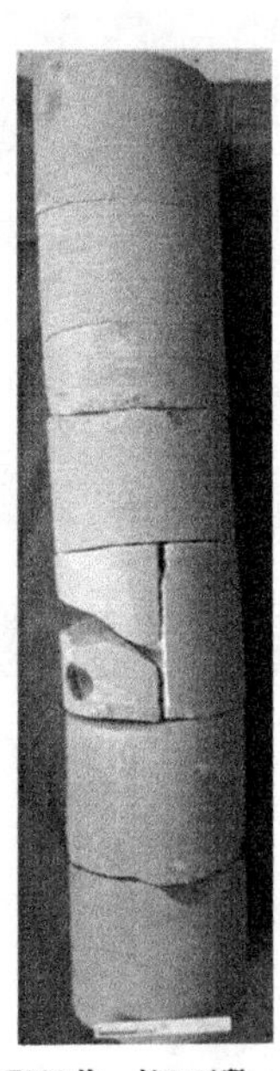

Z233井，长7_1亚段，1733.7～1734.94m

X195井，长7_1亚段，2094.65～2095.96m

图 2-24　砂质碎屑流块状细砂岩沉积特征

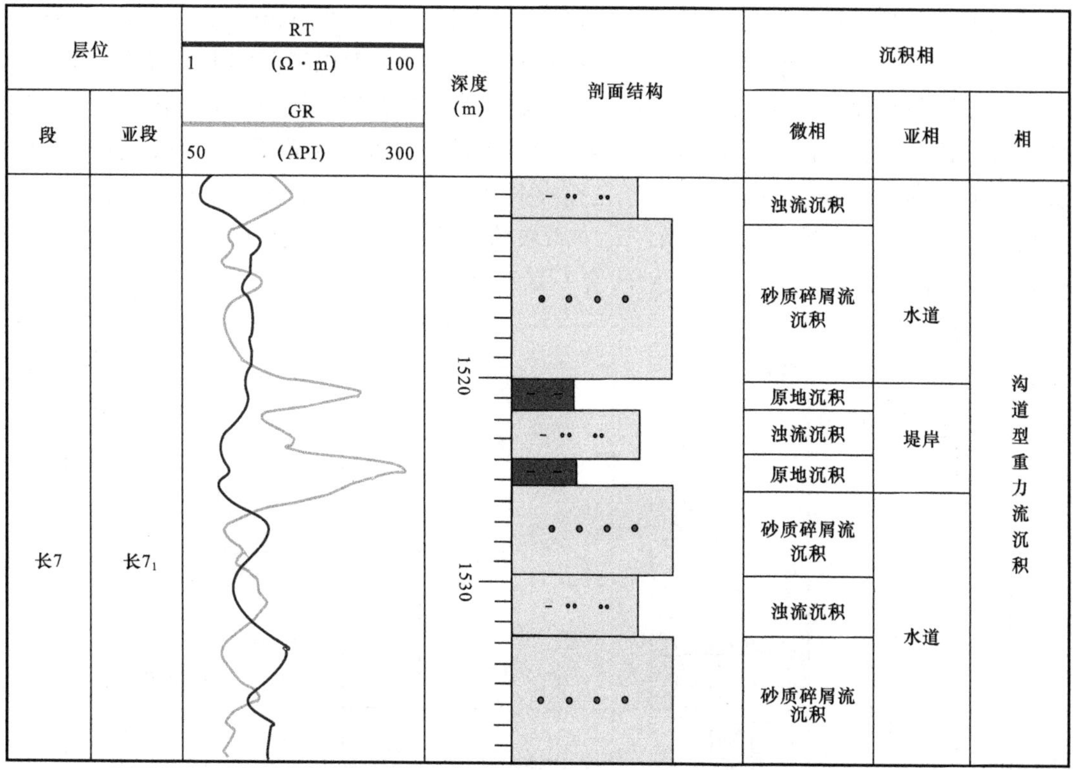

图 2-25　砂质碎屑流沉积微相的测井响应特征（正 6 井）

第四节　单井相分析

本次研究选择不同地区典型井 30 口岩心（约 1010m）进行目的层段沉积相垂向演化分析。在此仅选取高 23 井、环 54 井、正 6 井和庄 61 井四口取心井进行单井相分析。

（1）高 23 井。高 23 井钻遇长 7 段厚度 68m，长 7_1 亚段厚 32m，长 7_2 亚段厚 36m。整体发育辫状河三角洲前缘沉积，以水下分流河道沉积和分流间湾沉积为主。砂岩以浅灰色细砂岩和泥质粉砂岩为主，见平行层理、交错层理及块状层理等。长 7_1 亚段砂岩相对较粗，以细砂岩为主，单层分流河道细砂岩厚度较大。长 7_2 亚段砂岩相对较细，多为细砂岩和泥质粉砂岩互层叠置（图 2-26）。总体而言，由长 7_2 亚段到长 7_1 亚段沉积期岩性逐渐由细变粗的趋势，反映了三角洲进积沉积的特点。

（2）环 54 井。环 54 井钻遇长 7 段厚度 66m，长 7_1 亚段厚 38m，长 7_2 亚段厚 28m。整体发育辫状河三角洲前缘沉积，以水下分流河道沉积主，同时发育河口坝微相和水下天然堤微相。长 7_1 亚段砂岩相对较粗，以细砂岩为主，上部见中砂岩，单层分流河道细砂岩厚度较大。长 7_1 亚段砂岩相对较细，以泥质粉砂岩为主，细砂岩厚度较薄（图 2-27）。总体而言，由长 7 段沉积期砂岩自下而上具有明显的粒度逐渐由细变粗，厚度逐渐由薄变厚的趋势，反映了三角洲进积沉积的特点。

（3）正 6 井。正 6 井钻遇长 7 段厚度 107m，长 7_1 亚段厚 34m，长 7_2 亚段厚 35m，长 7_3 亚段厚 38m，发育沟道型重力流沉积和湖泊沉积，下部以半深湖泥岩沉积为主，上部以浊流沉积和砂质碎屑流沉积为主。长 7_3 亚段以半深湖泥和泥质粉砂岩沉积为主，底部发育浊流沉积，中部为一套约 17m 厚层半深湖泥岩沉积，上部发育砂质碎屑流沉积。长 7_2 亚段下部以浊流沉积为主，发育完整或不完整的鲍马序列，发育平行层理，底部见重荷模；中上部发育砂质碎屑流沉积，发育块状层理，顶部为浊流沉积。长 7_2 亚段以砂质碎屑流沉积为主，发育暗色块状细砂岩（图 2–28）。

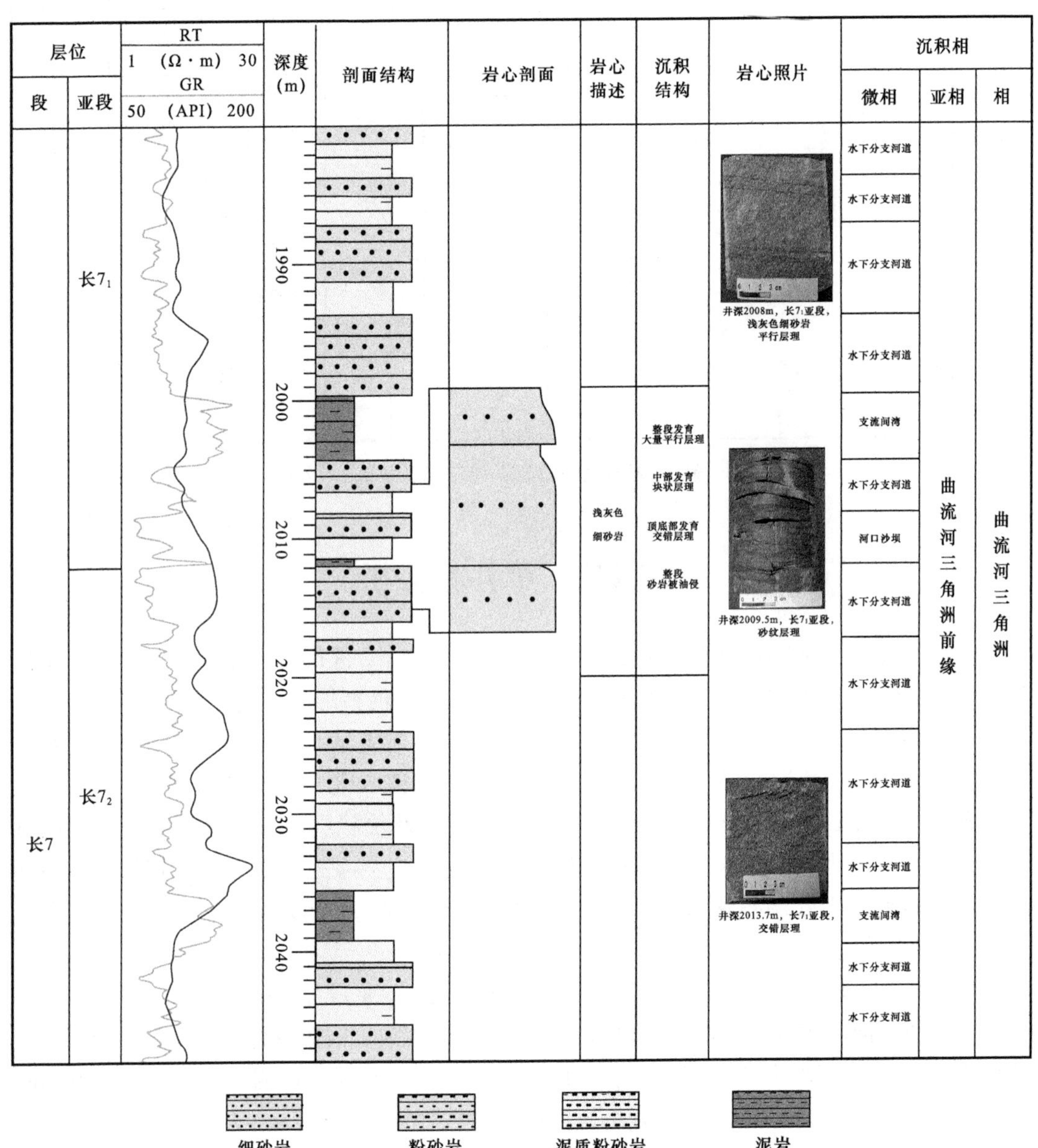

图 2–26　鄂尔多斯盆地高 23 井长 7 段沉积相综合柱状图

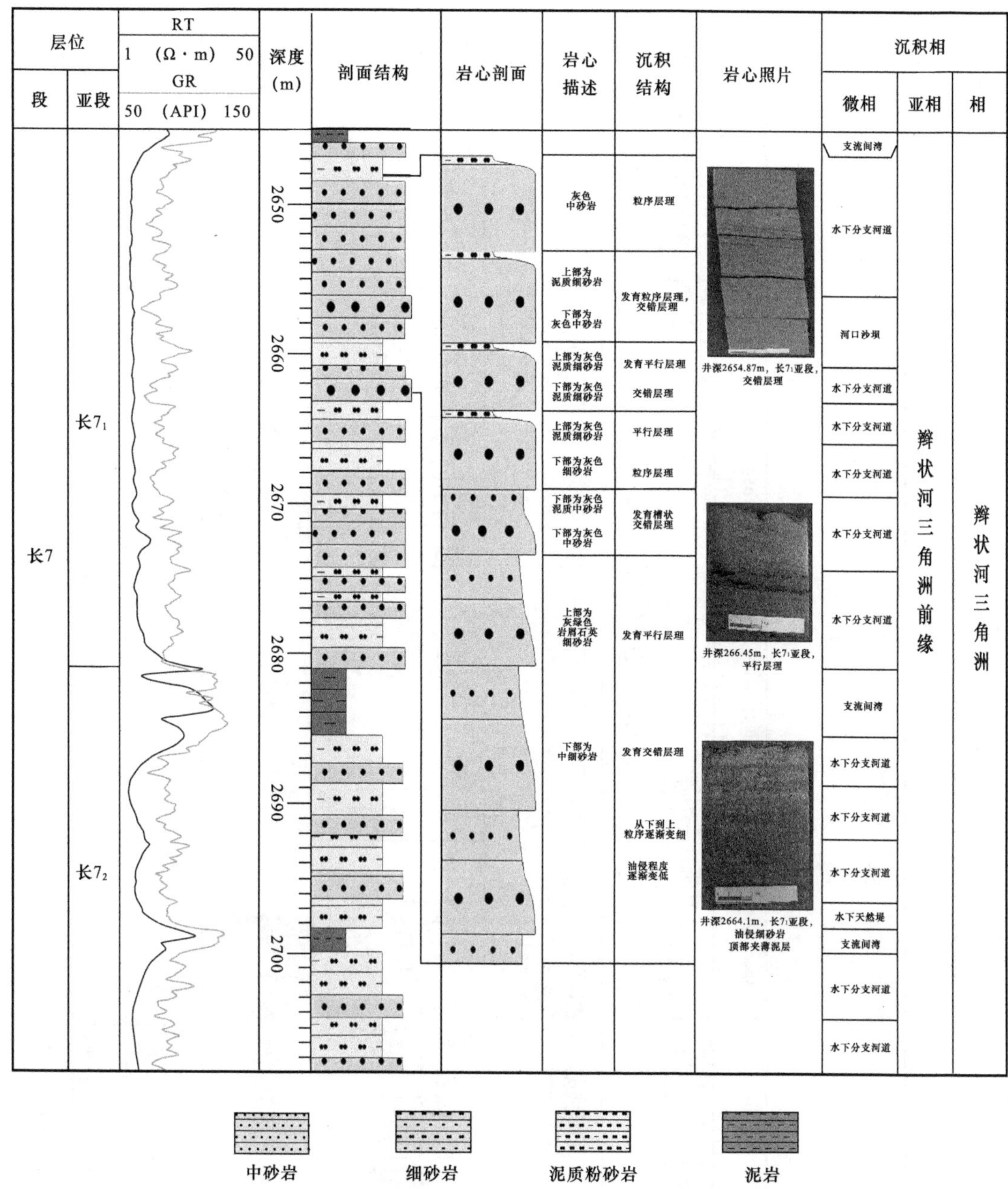

图 2–27　鄂尔多斯盆地环 54 井长 7 段沉积相综合柱状图

（4）庄 61 井。庄 61 井钻遇长 7 段厚度为 69m，长 7_1 亚段厚 32m，长 7_2 亚段厚 37m。发育沟道型重力流沉积和湖泊沉积，以砂质碎屑流沉积和浊流沉积为主。长 7_2 亚段底部发育砂质碎屑流沉积，以细砂岩为主，上覆一套泥质粉砂岩浊流沉积；上部以深湖泥岩沉积为主，夹浊流沉积。长 7_2 亚段底部以泥质粉砂岩浊流沉积为主，上部为砂质碎屑流夹浊流沉积，以块状细砂岩为主，黑色泥质沉积含植物碎屑（图 2–29）。

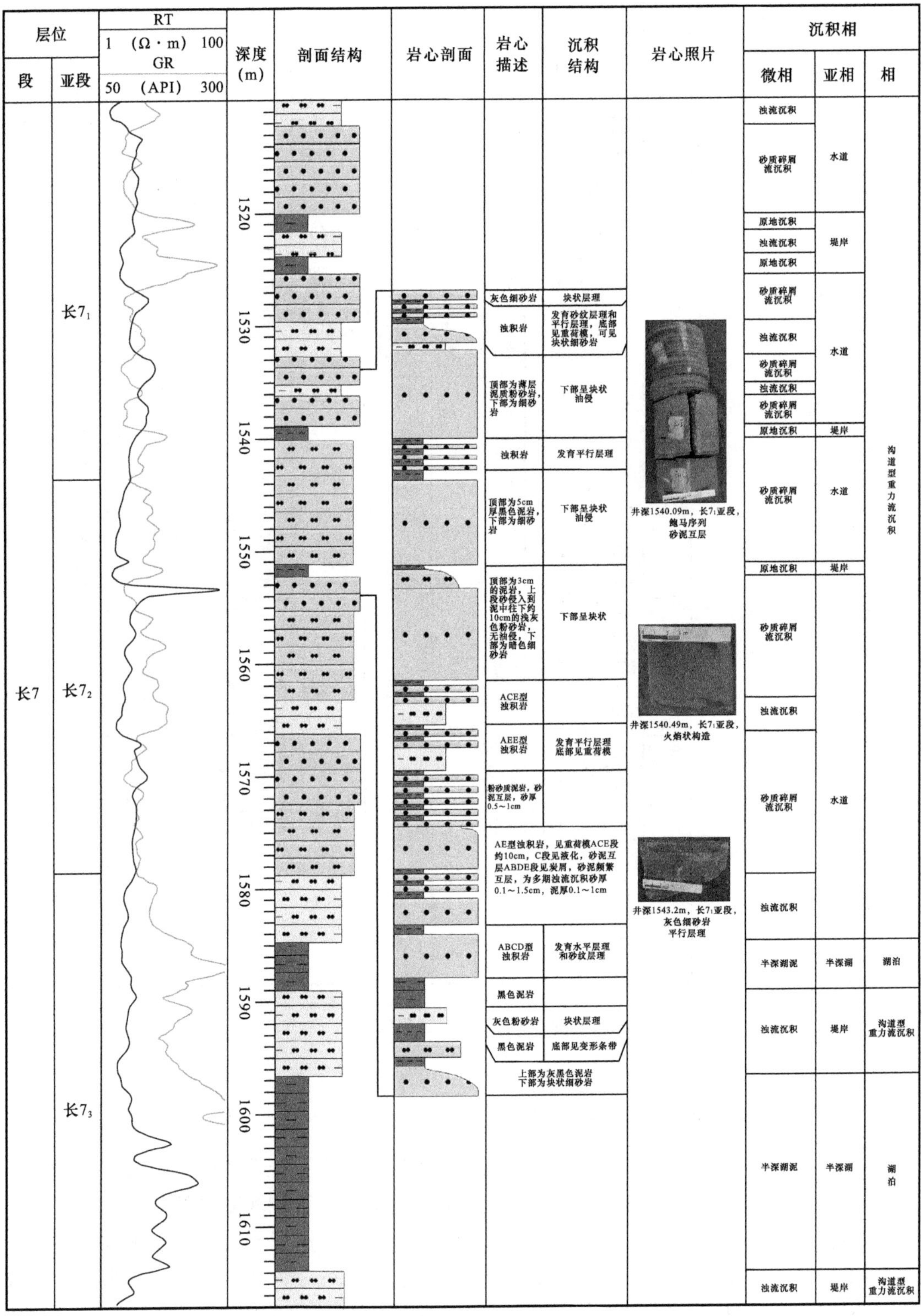

层位 | 段 | 亚段
RT 1 (Ω·m) 100
GR 50 (API) 300
深度(m)
剖面结构
岩心剖面
岩心描述
沉积结构
岩心照片
沉积相 | 微相 | 亚相 | 相

长7
长7_1
长7_2
长7_3

1520
1530
1540
1550
1560
1570
1580
1590
1600
1610

灰色细砂岩 | 块状层理
浊积岩 | 发育砂纹层理和平行层理，底部见重荷模，可见块状细砂岩
顶部为薄层泥质粉砂岩，下部为细砂岩 | 下部呈块状油侵
浊积岩 | 发育平行层理
顶部为5cm厚黑色泥岩，下部为细砂岩 | 下部呈块状油侵
顶部为3cm的泥岩，上段砂侵入到泥中往下约10cm的浅灰色粉砂岩，无油侵，下部为暗色细砂岩 | 下部呈块状
ACE型浊积岩
AEE型浊积岩 | 发育平行层理底部见重荷模
粉砂质泥岩，砂泥互层，砂厚0.5～1cm
AE型浊积岩，见重荷模ACE段约10cm，C段见液化，砂泥互层ABDE段见炭屑，砂泥频繁互层，为多期浊流沉积砂厚0.1～1.5cm，泥厚0.1～1cm
ABCD型浊积岩 | 发育水平层理和砂纹层理
黑色泥岩
灰色粉砂岩 | 块状层理
黑色泥岩 | 底部见变形条带
上部为灰黑色泥岩下部为块状细砂岩

井深1540.09m，长7_1亚段，鲍马序列砂泥互层
井深1540.49m，长7_1亚段，火焰状构造
井深1543.2m，长7_1亚段，灰色细砂岩平行层理

浊流沉积 | 砂质碎屑流沉积 | 水道
原地沉积 | 浊流沉积 | 原地沉积 | 堤岸
砂质碎屑流沉积 | 浊流沉积 | 砂质碎屑流沉积 | 浊流沉积 | 砂质碎屑流沉积 | 水道
原地沉积 | 堤岸
砂质碎屑流沉积 | 水道
原地沉积 | 堤岸
砂质碎屑流沉积 | 浊流沉积 | 砂质碎屑流沉积 | 浊流沉积 | 水道
沟道型重力流沉积
半深湖泥 | 半深湖 | 湖泊
浊流沉积 | 堤岸 | 沟道型重力流沉积
半深湖泥 | 半深湖 | 湖泊
浊流沉积 | 堤岸 | 沟道型重力流沉积

图 2-28　鄂尔多斯盆地正 6 井长 7 段沉积期沉积相综合柱状图

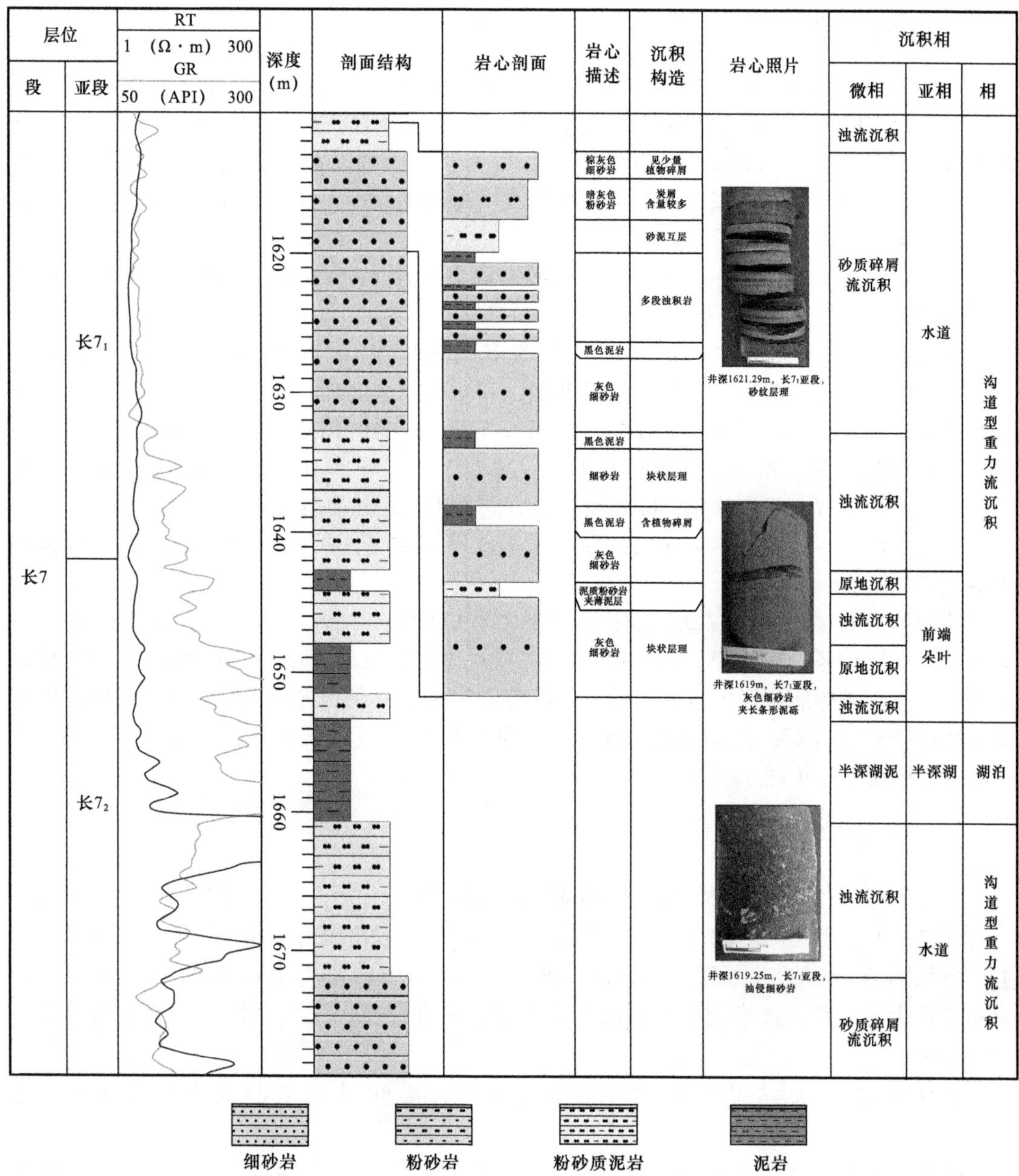

图 2-29 鄂尔多斯盆地正 61 井长 7 段沉积相综合柱状图

第五节 连井沉积相分析

为研究沉积微相在剖面上的分布规律，在单井相分析的基础上，应用测井相分析对非取心井的沉积微相类型进行了划分，建立了西南物源沉积体系 3 纵 3 横共 6 条沉积微相剖面对比图。它们能够较好说明研究区沉积微相的剖面变化。

一、顺物源剖面

1. 环 54 井—环 61 井—环 59 井—环 62 井—罗 57 井—罗 29 井长 7 段沉积相连井剖面

长 7_3 亚段到长 7_1 亚段沉积期由西南向东北，依次发育三角洲前缘沉积和半深湖—深湖沉积，三角洲前缘逐渐向东北方向推进，以水下分流河道沉积为主，反映了湖平面收缩，沉积基准面下降的沉积演化规律。半深湖—深湖发育砂质碎屑流和浊流沉积，呈透镜状展布，延展范围较短（图 2–30）。

2. 镇 249 井—镇 70 井—里 79 井—白 278 井—新 79 井—杨 42 井长 7 段沉积相连井剖面

该剖面跨度较长，长 7_3 亚段到长 7_1 亚段沉积期由西南向东北，依次发育三角洲前缘沉积、半深湖—深湖沉积、三角洲前缘沉积，三角洲前缘逐渐向湖盆中部推进，以水下分流河道沉积为主，反映了湖平面收缩，沉积基准面下降的沉积演化规律。深湖—半深湖发育砂质碎屑流和浊流沉积，呈透镜状展布；随着沉积基准面下降，三角洲前缘向湖盆推进，重力流越发育，规模越大，以湖盆西南方向重力流相对发育（图 2–31）。

3. 西 84 井—西 20 井—西 211 井—西 205 井—午 61 井—白 276 井长 7 段沉积相连井剖面

该剖面发育半深湖—深湖沉积，重力流沉积以砂质碎屑流沉积为主。长 7_3 亚段重力流不发育，仅在西 20 井、西 256 井等个别井点见重力流沉积。长 7_2 亚段和长 7_1 亚段重力流较发育，砂质碎屑流厚度较大，横向延展范围较大。浊积岩规模相对较小，横向延展范围一般小于两口井距；在剖面东北部靠近深湖区长 7_1 亚段浊积岩发育规模较大，与砂质碎屑流呈厚层互层（图 2–32）。

二、横切物源剖面

1. 环 54 井—虎 4 井—镇 70 井—镇 92 井—西 195 井—西 89 井长 7 段沉积相连井剖面

该剖面发育三角洲前缘沉积和半深湖—深湖沉积，三角洲前缘亚相以分流河道沉积为主，由长 7_3 亚段到长 7_1 亚段河道砂体厚度逐渐增大，纵向切叠频率越高。深湖—半深湖相发育重力流沉积，规模较小，剖面上呈透镜状孤立存在。长 7_3 亚段重力流相对不发育（图 2–33）。

2. 环 59 井—木 15 井—里 67 井—西 245 井—庄 49 井—庄 43 井长 7 段沉积相连井剖面

该剖面发育深湖—半深湖沉积，重力流沉积发育。长 7_3 亚段重力流不发育，仅在西 245 井见重力流沉积。长 7_2 亚段重力流沉积相对发育，砂质碎屑流沉积较厚，剖面呈透镜状；浊积岩厚度相对较薄，横向延展范围较小。到长 7_1 亚段重力流沉积最发育，砂质碎屑流沉积厚度较大，横向延展范围较大，浊积岩厚度薄，多呈透镜状分布。总体而言砂质碎屑流相对浊积岩发育，厚度大，延展范围大（图 2–34）。

3. 罗 29 井—元 289 井—白 138 井—白 244 井—白 276 井—午 62 井长 7 段沉积相连井剖面

该剖面发育深海—半深海沉积，重力流沉积主要发育于长 7_1 亚段，浊积岩相对较发育，厚度大，纵向上常呈多期叠置。砂质碎屑流规模较小，剖面上呈透镜状分布（图 2–35）。

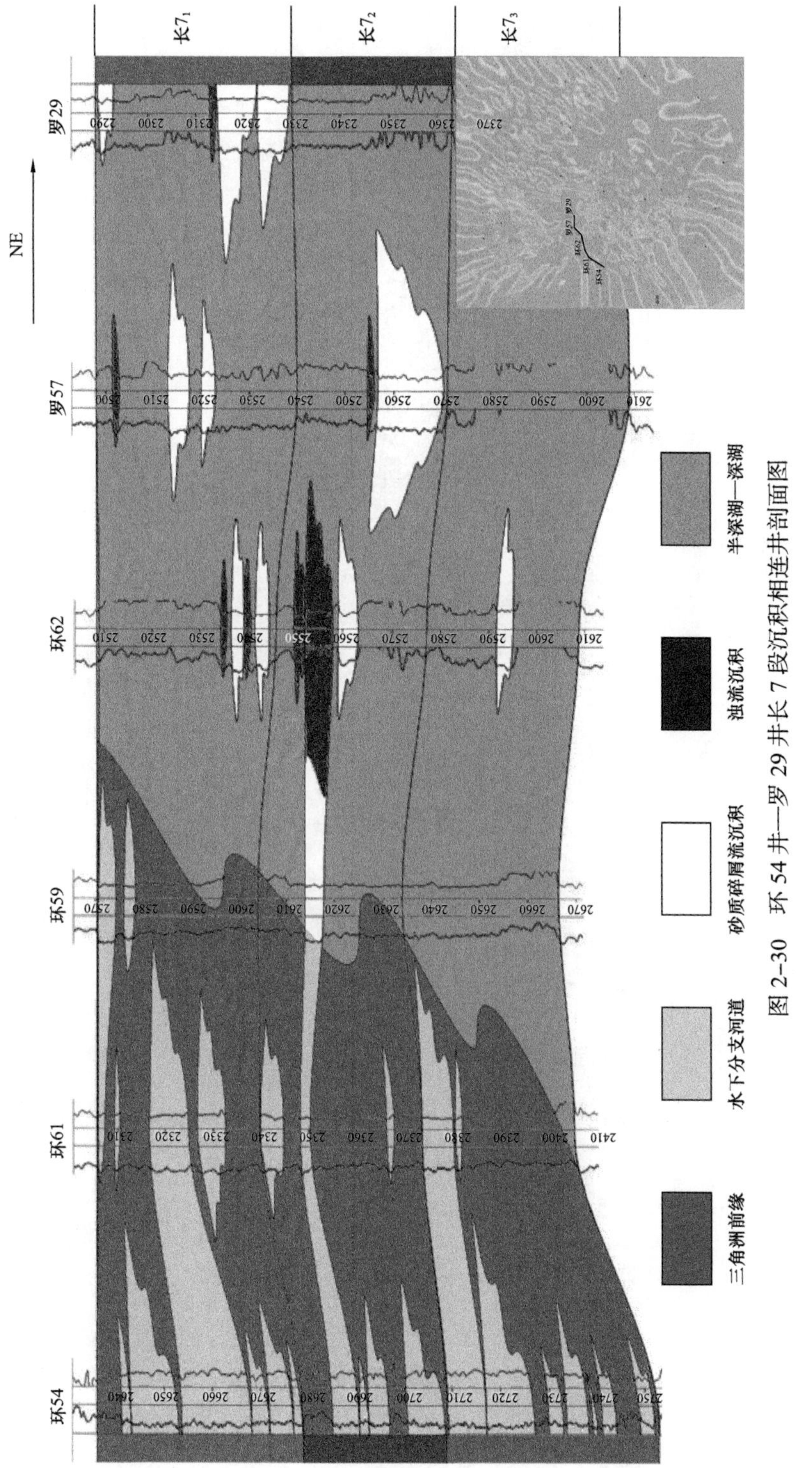

图 2-30　环 54 井—罗 29 井长 7 段沉积相连井剖面图

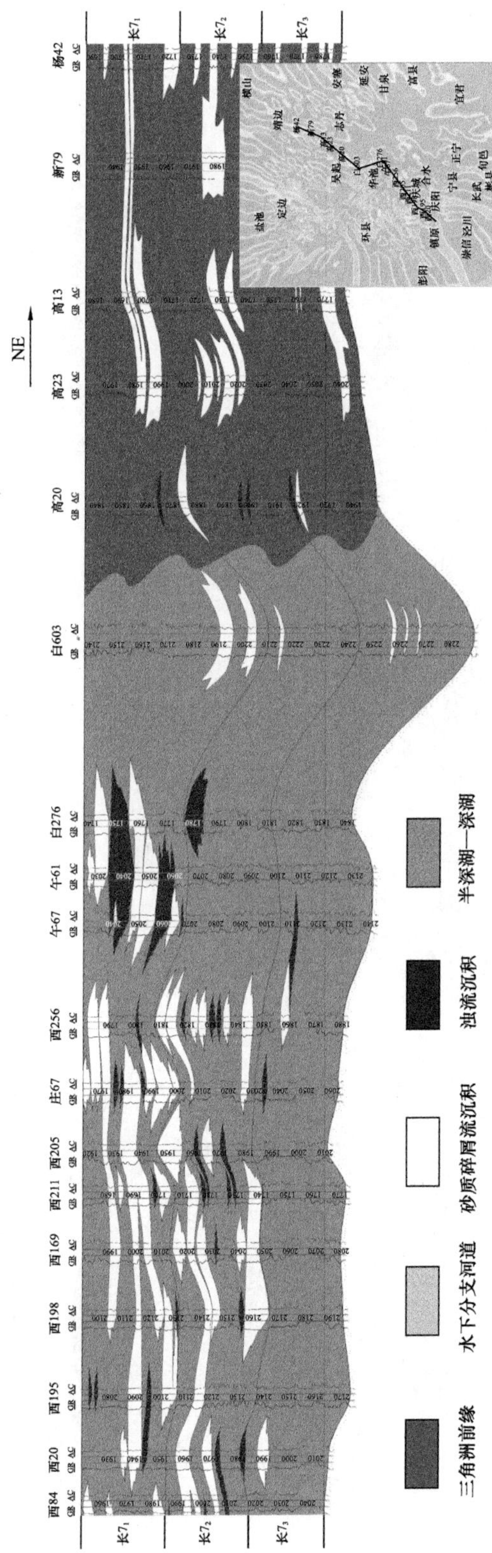

图 2–31　西 84 井—杨 42 井长 7 段沉积相连井剖面图

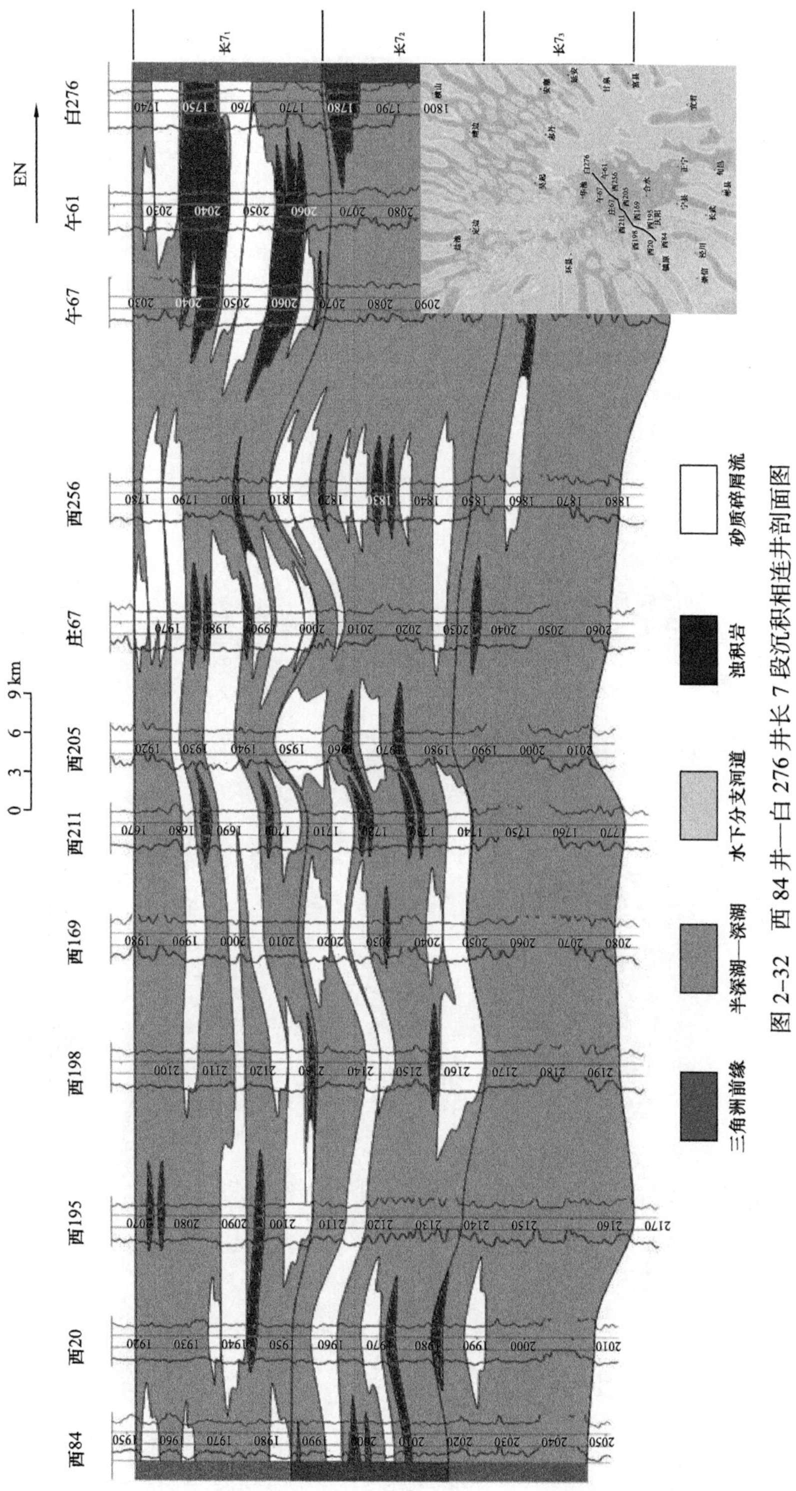

图 2-32 西 84 井—白 276 井长 7 段沉积相连井剖面图

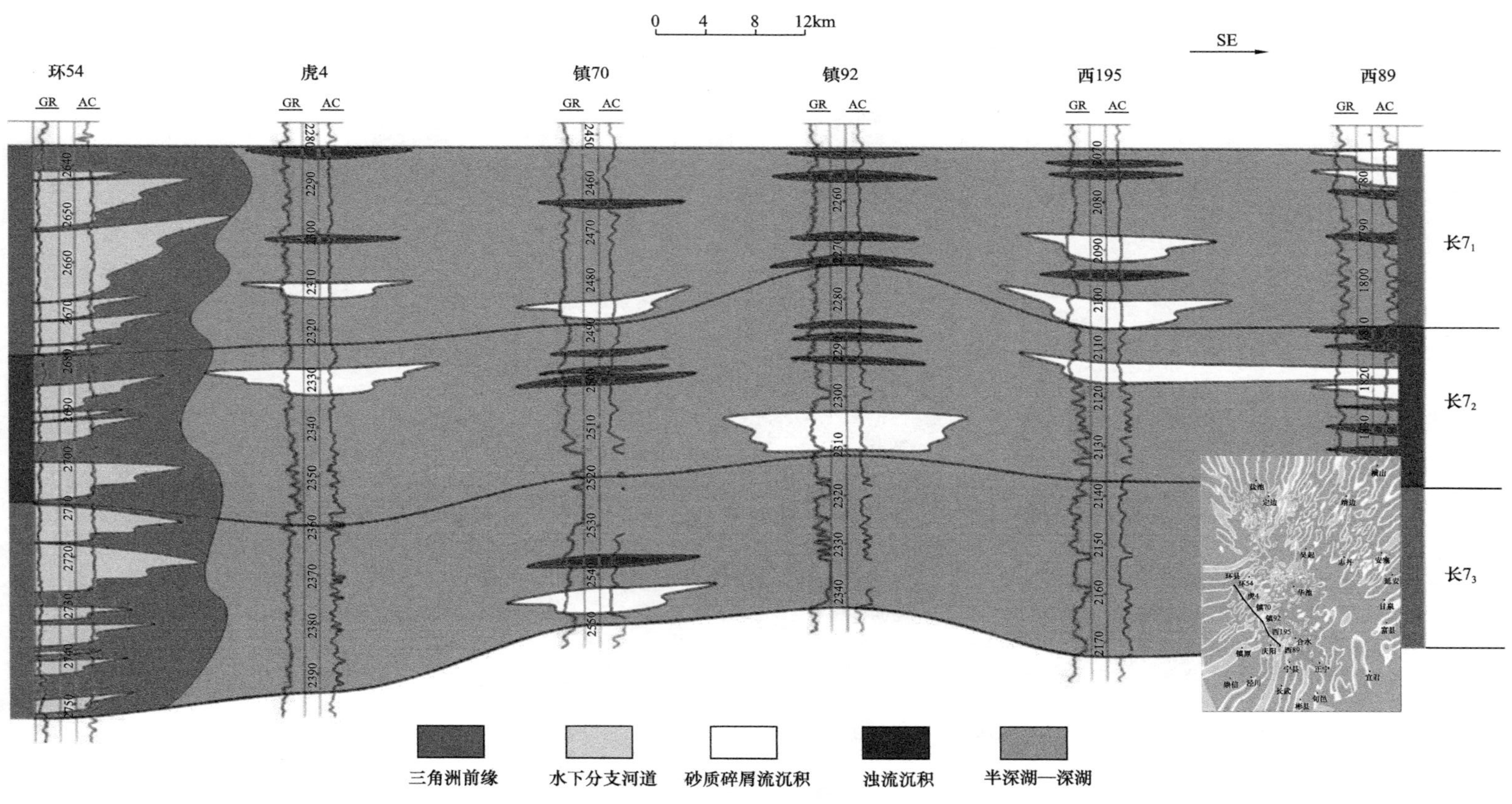

图 2-33 环 54 井—西 89 井长 7 段沉积相连井剖面图

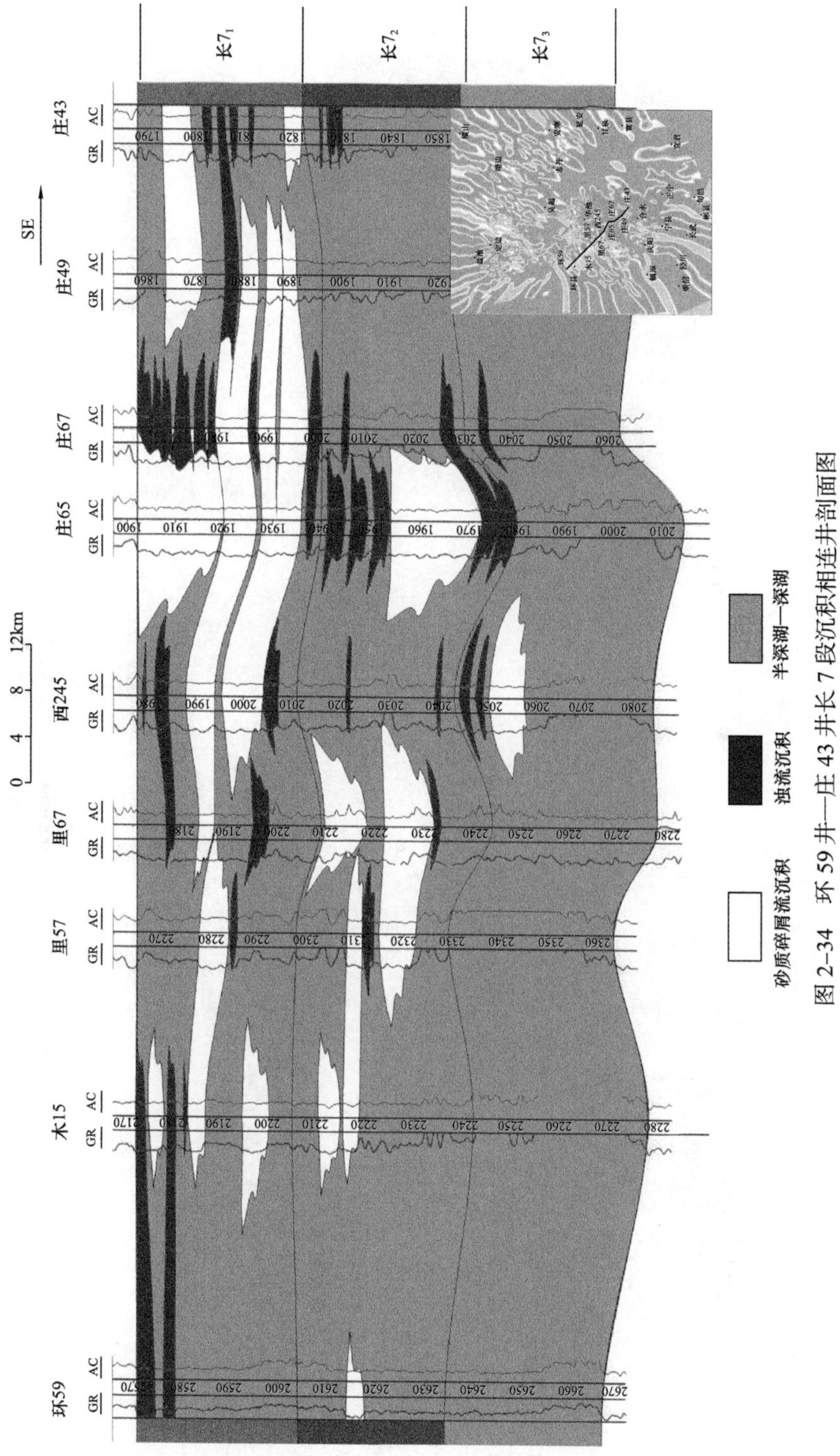

图 2-34　环 59 井—庄 43 井长 7 段沉积相连井剖面图

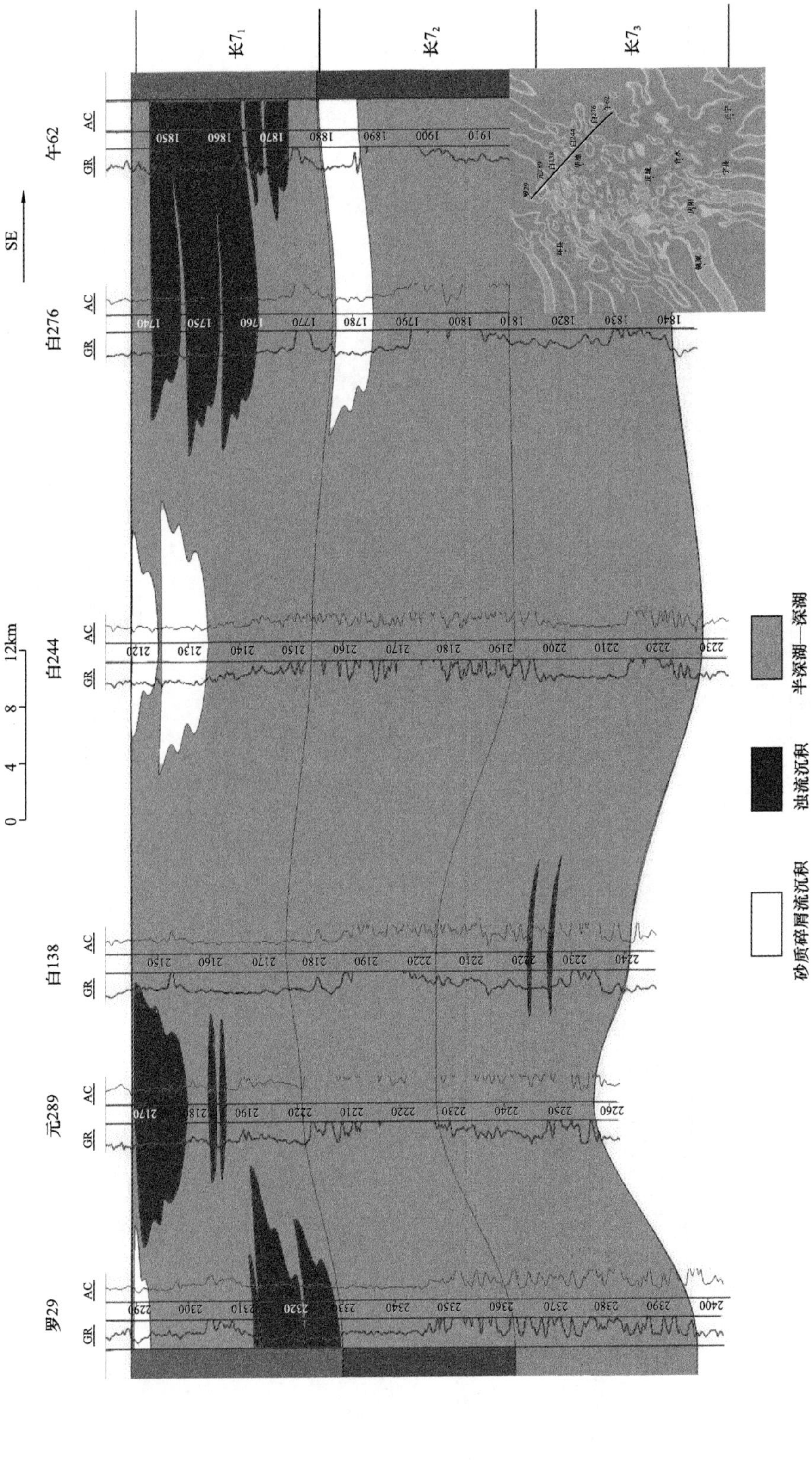

砂质碎屑流沉积　浊流沉积　半深湖—深湖

图 2-35　罗 29 井—午 62 井长 7 段沉积相连井剖图

第六节 平面相分析

鄂尔多斯盆地长 7_2 亚段主要发育三角洲沉积和深湖—半深湖沉积（图 2-36），在多物源沉积背景下，三角洲主要自西南、东北方向向湖盆中心推进，并逐渐过渡为深湖—半深湖相重力流沉积和泥岩沉积。随着沉积基准面下降，长 7_1 亚段从早期鼎盛沉积到晚期沉积削减，湖泊面积在逐渐缩小，滨浅湖线向盆地中心靠近，三角洲及重力流不断地向湖盆中心进积，砂体延伸越来越远（图 2-37）。

以研究区单井沉积相分析、连井剖面沉积相及平面相分析得出的沉积特征和演化规律为基础，结合区域地质资料和测井资料，综合辫状河三角洲和重力流模拟的实验，以沉积学原理为指导，建立了陇东地区延长组长 7 段三角洲前缘—半深湖—深湖沉积环境的相模式（图 2-38）。

长 7 段沉积时期研究区物源来自东北部、东部及西部，物源供给充足，湖泊水体较深，三角洲主要自西南、东北方向向湖盆中心推进并在深湖区内发育砂质碎屑流沉积与浊流沉积，其发育的微相有水下分支河道、支流间湾、河口沙坝、浊积岩、砂质碎屑流。

图 2-36 延长组长 7_2 亚段沉积相平面分布图

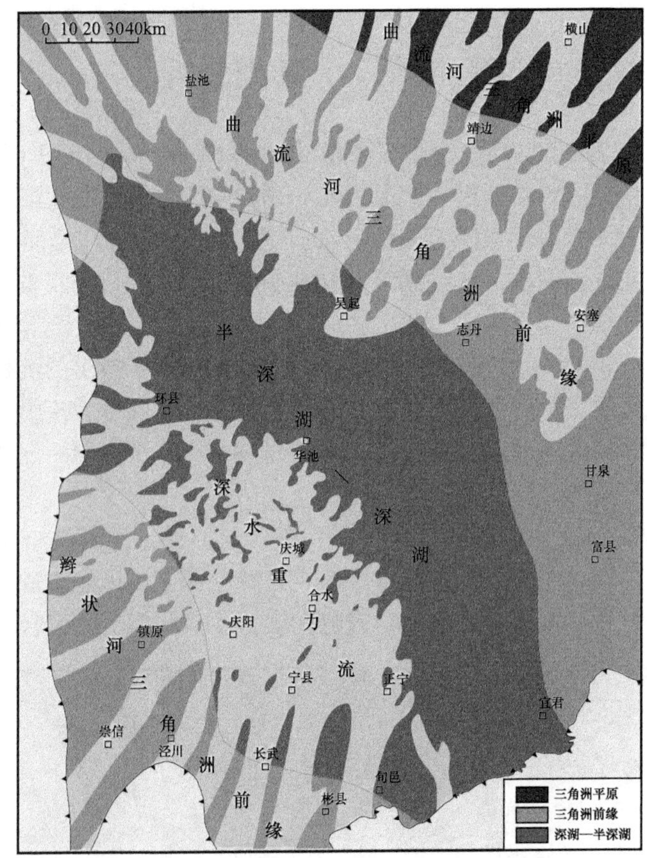

图 2-37　延长组长 7_1 亚段沉积相平面分布图

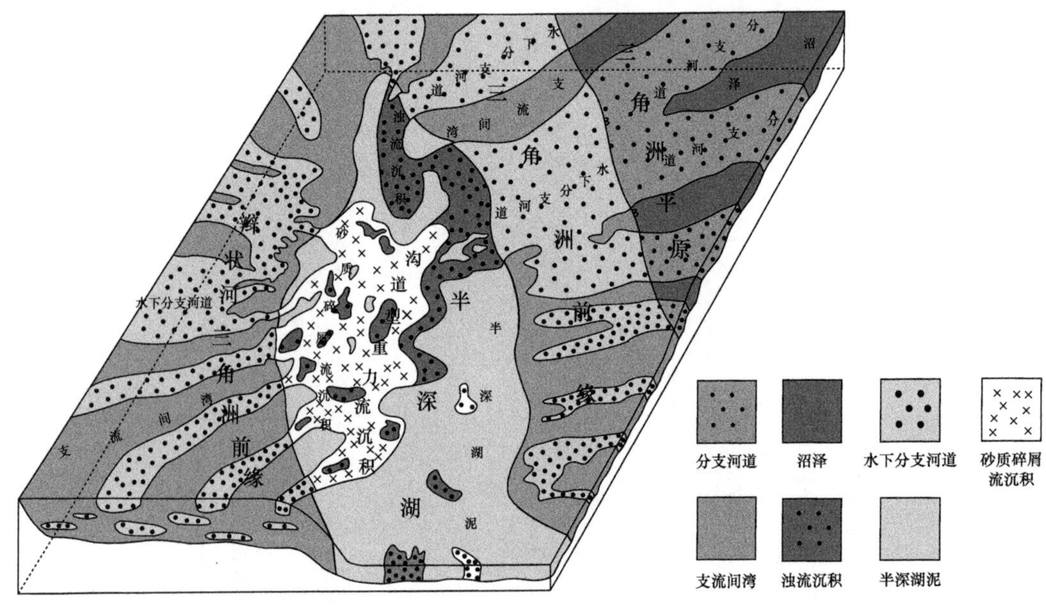

图 2-38　陇东地区延长组长 7 段沉积模式图

第三章　砂体结构特征研究

不同的砂体类型在不同的沉积环境中形成，不同的沉积环境具有不同的水动力条件，这些不同的水动力条件使对应砂体的厚度、粒度、物质成分、分选及磨圆、杂基含量及其他物性特征出现明显的差异性，最终导致不同的沉积微相的砂体有着不同的砂体结构及物性，影响着油气的分布。更准确与系统地研究定边—吴起地区长 7 段沉积期储集砂体的结构，对于研究区中寻找新的有利区有很重要的指导意义。

第一节　砂体结构平面展布特征

鄂尔多斯盆地从长 10 段沉积期开始，发育围绕湖盆中心，形成一系列环带状的三角洲裙体，进入长 9 段沉积期快速下沉将长 10 段沉积期的三角洲体系全部淹没水下。到长 8 段沉积期，湖盆规模、水深均已加大。长 7 段沉积期湖盆发展到全盛期，盆地大范围被湖水淹没，深湖区的面积也急剧扩大。长 7 段沉积期从早期鼎盛沉积到晚期沉积削减，湖泊面积在逐渐缩小，滨浅湖线向盆地中心靠近，三角洲及重力流不断地向湖盆中心进积，砂体延伸越来越远。进入长 6 段沉积期，湖盆下沉作用逐渐减缓，湖盆开始收缩，沉积补偿大于沉降，沉积作用大大加强，是湖泊三角洲主要建设期，盆地西南部供屑能力相对较弱，而盆地北部供屑能力较强，周边的各种三角洲迅速发展，西部的辫状河三角洲和其余地方的曲流河三角洲沉积有了较大的发展。到长 4+5 段沉积期，盆地再度沉降，湖侵面积有所扩大。直至长 3 段、长 2 段到长 1 段沉积期，湖盆逐渐消亡，沉积总体显示为西厚东薄、南厚北薄的态势。

湖盆演化经历了早期的初始沉降，到加速扩张和最大扩张，再到萎缩，最后湖盆消亡，完成湖盆从发生、发展以至消亡的沉积演化过程。盆地内沉积有自古生代以来的多套沉积体系，其内蕴藏着丰富的油气资源。其中，延长组是一套在内陆湖泊三角洲沉积体系上发育的重要油气储层，也是研究区的主要含油层系。

陇东地区延长组长 7 段沉积期主要发育三角洲沉积体系和湖泊沉积体系。三角洲骨架相为三角洲前缘水下分流河道微相，各沉积相带的平面变化基本上呈环带状展布，而砂体的发育情况则完全受控于沉积相的展布特征。研究区长 7 段沉积期主要发育东北向的辫状河三角洲前缘砂体，其中包括东北部及南西部两个方向的三角洲前缘水下分流河道砂体。本次研究的目的层是长 7 段的长 7_2 亚段、长 7_1 亚段，长 7 段沉积期从早期鼎盛沉积到晚期沉积削减，湖泊面积在逐渐缩小，滨浅湖线向盆地中心靠近，三角洲及重力流不断地向湖盆中心进积，砂体延伸越来越远。下面将以油层段为对象，按沉积先后顺序分别说明各期沉积微相与砂体展布情况。

一、长 7_2 亚段砂体结构展布特征

长 7_2 亚段沉积期研究区以三角洲前缘沉积为主，东北部发育小规模的三角洲平原沉积，以三角洲前缘水下分流河道为骨架相。研究区主要发育了四支三角洲前缘水下分流河道砂体（图 2–36、图 2–37），呈东北向和南西条带状展布。

通过砂体结构图与沉积相相对应可知，长 7_2 亚段在三角洲平原、前缘地带多为厚层砂体叠置，厚度较长 7_1 亚段略小；在半深湖与重力流区域，多为厚层砂体夹薄层泥或厚层砂向上变细的砂体结构关系。

二、长 7_1 亚段砂体结构展布特征

由陇东地区延长组长 7_1 亚段沉积相图可以看出研究区东北部的三角洲平原相面积有所增加，三角洲平原相向西扩张，三角洲前缘亚相较长 7_2 亚段沉积期面积有所萎缩，南部的半深湖相向研究区南部继续缩减（图 3–1、图 3–2）。长 7_2 亚段与长 7_1 亚段沉积特征具有一定的继承性，砂体展布特征也相似，只是砂体的展布及发育规模有所变化。

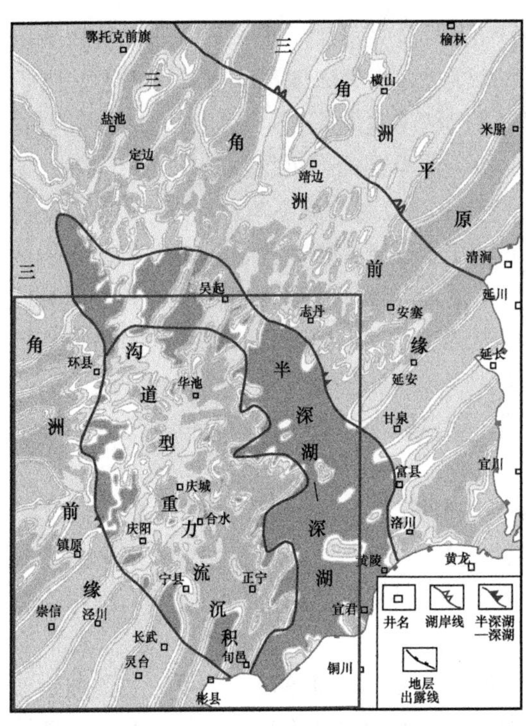

图 3–1　鄂尔多斯盆地长 7_1 亚段沉积相平面分布图

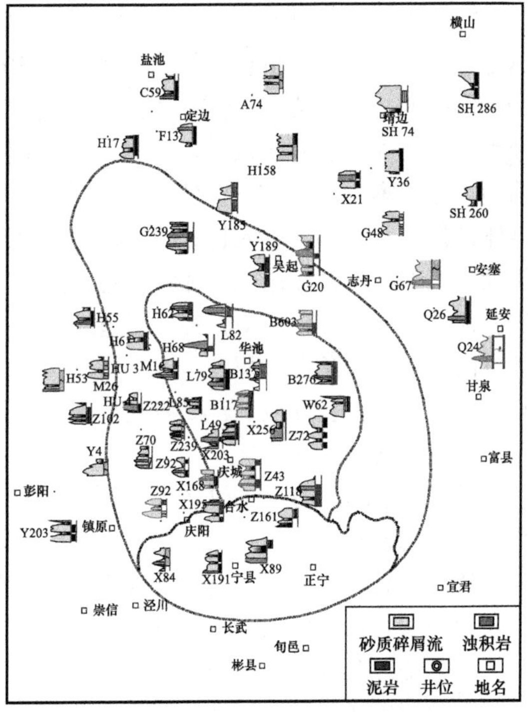

图 3–2　鄂尔多斯盆地长 7_1 亚段砂体结构平面分布图

而与沉积相对应，长 7_1 亚段在三角洲平原、前缘地带多为厚层砂体叠置，砂体厚度较长 7_2 亚段有所增加。在半深湖与重力流区域，可见薄层砂泥叠置与等厚砂体叠置，体现其为砂质碎屑流或浊流。

总的来说，研究区砂体结构平面展布特征为：长 7 段沉积期从早期鼎盛沉积到晚期沉积削减，湖泊面积在逐渐缩小，滨浅湖线向盆地中心靠近，三角洲面积不断增加，并且不断向

湖盆中心进积，砂体延伸越来越远。与沉积相相对应，在三角洲平原与前缘地带，砂体结构多为厚层砂体叠置组合型；而在半深湖—深湖区，多为薄层砂泥互层型、砂体向上变薄型、砂体向下变薄型，对应多为浊流沉积。

第二节 砂体剖面展布特征

物源分析中通过多种证据表明研究区物源为东北—东南及西北物源以变质岩岩屑为主，其次为岩浆岩岩屑，含少量的沉积岩岩屑。反映母岩类型为变质岩。西部物源以变质岩岩屑为主，沉积岩岩屑增多含量大于岩浆岩岩屑。反映母岩类型为变质岩＋沉积岩。西南部和南部物源以变质岩岩屑为主，岩浆岩与沉积岩岩屑含量差别不大。反映母岩类型为变质岩。东北、西北、西、西南和南部区域的岩屑含量分别向盆地中部呈逐渐减少的趋势。锆石是重矿物中最稳定的，越远离母岩区其含量越高，根据以上五个区域锆石含量分析，发现从盆地边缘向中部的锆石含量逐渐增加，以此推断沉积物是从盆地边缘向盆地中心汇聚。

从形态上初步判断，盆地东北—东部稀土元素特征与盆地东北缘火成岩稀土元素配分图相差甚大，而与东北缘的变质岩相似。表明盆地东北—东部稀土元素与东北缘大青山千枚岩和林格尔闪长片麻岩稀土元素极为相似，两者有亲缘关系，从而推断盆地东北部物源主要来自大青山。

盆地西部环县延长组样品 REE 配分模式图形态与盆地西缘兴仁寒武系变质砂岩稀土元素特征和盆地西缘花岗闪长岩稀土元素特征相似，由此证明，盆地西部受多支物源影响。盆地西南—南部延长组稀土元素化学特征与盆地西南缘陇西古陆变质岩稀土元素化学特征相似，表明盆地西南—南部物源主要由陇西古陆供给。盆地中部华池地区延长组泥岩样品稀土元素特征与盆地东北缘大青山变质岩稀土元素特征相似；与盆地西南—南部泥岩样品 REE 分配模式图极其相像，说明此地区主要为东北缘大青山和西南缘陇西古陆的物源，推断盆地中部属于混源区。

盆地物源分别来自周边不同古陆，根据物源方向及影响区域的不同，可划分为东北物源、西北物源、西部物源、西南物源及南部物源。物源区分别为盆地北东—北缘的大青山及阴山古陆，西北部的阿拉善古陆，西南部的陇西古陆及南部的秦岭古陆。其中对盆地影响最大的为东北物源及西南物源。

由于盆地受多物源控制，导致长 7 段沉积期的沉积储集砂体结构也具有多样性，主要以东北沉积体系、西北沉积体系及混合物源沉积体系三大体系对比分析。

通过物源研究已弄清研究区的沉积物主要受东北及西北两大物源控制，其中以东北物源为主，研究区主要受东北体系控制。由于东北沉积体系与西北沉积体系的物源来源有所不同，且母岩区与沉积盆地的距离也有所不同，必然会导致这两套沉积体系砂体结构有所不同。

一、砂体粒度与分选

距离母岩区较近的砂岩，粒度往往较粗，分选与磨圆性也比较差；远离母岩区的砂岩，随着水流的改造，其粒度一般会变细，分选与磨圆性都越来越好。对于同期沉积而言，靠近物源区的沉积物粒度粗；相反，由于水介质搬运能力的逐渐降低沉积物粒度则越来越细。研究区的沉积物受两大物源控制，沉积物的粒度也有所不同，通过对研究区 80 块岩石薄片粒度分析，可得出其平面上粒度的分布规律。

长 7_2 亚段沉积时期，研究区东北部沉积体系与西北部沉积体系沉积砂岩粒度均比较细，为细—极细砂岩，只有南部湖泊相沉积中发育较粗粒的砂岩；长 7_1 亚段与长 7_2 亚段砂体粒度相同，东北沉积体系的粗粒部分延伸到盆地中部的冯地坑地区，而西北部沉积体系中粒度较粗的砂体主要集中在安边地区附近，向西南方向逐渐变细，在陇东地区也有一部分砂体粒度较粗，是受东北部近源区沉积物供给而影响的。砂体主要以细砂—粉砂岩为主，长 7 段沉积时期砂体粒度无明显差异。

从砂体颗粒的分选程度上看，研究区东北沉积体系的砂体分选明显好于西北沉积体系（图 3–3），物源混合区的砂体分选程度受两套物源共同作用的影响，处于二者之间。砂体结构具有粒度细，垂向组合以厚层砂体等厚型和薄厚砂体互层型为主。

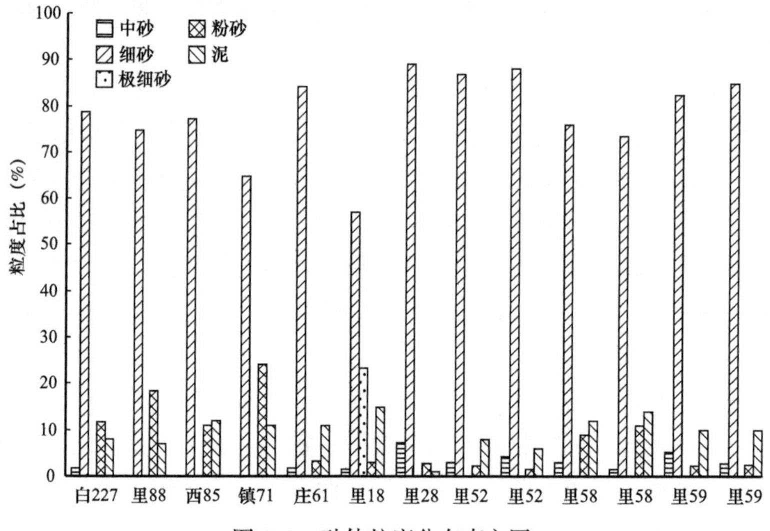

图 3–3　砂体粒度分布直方图

综合考虑认为研究区东北沉积体系为主要沉积体系，距物源较远，粒度相对于西北沉积体系较粗，砂体结构具粒度细，垂向组合以厚层砂体等厚型和薄厚砂体互层型为主。

二、砂体的垂向组合类型

研究区发育共发育六类砂体垂向组合类型（图 3–4），分别为：A 型砂体叠置型，以环 54 井为例；B 型厚层砂体等厚型，以庄 61 井为例；C 型薄层砂体等厚型，以白 227 井为例；D 型砂体向上变薄型，以宁 34 井为例；E 型砂体向上变厚型，以演 20 井为例；F 型砂体薄厚互层型，以正 6 井为例。

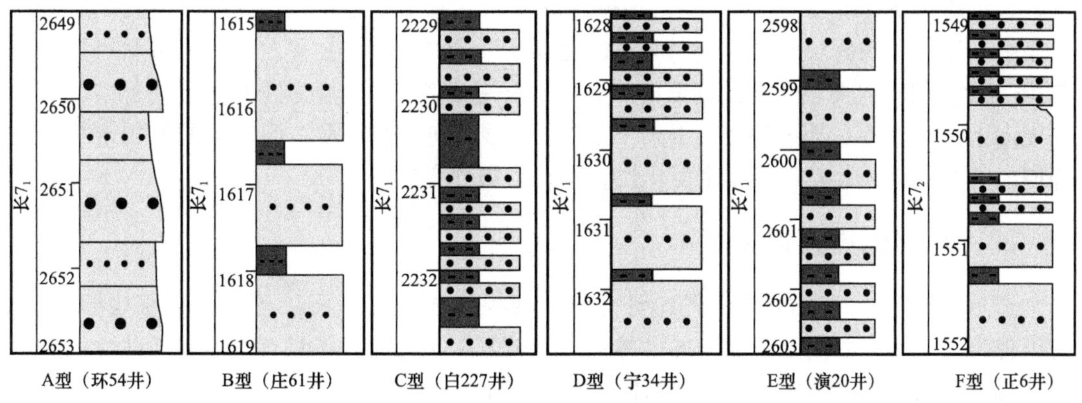

图 3-4 砂体垂向结构类型图

三、砂体的垂向组合类型特征

研究区浊积岩的垂向组合类型常为 AE 型沉积、CDE 型沉积，并在区内广泛分布。其中 AE 型沉积多为砂岩夹泥岩，CDE 型沉积中常见砂纹层理。砂质碎屑流的垂向组合类型为长段的砂岩，其顶部或者底部夹一小段泥岩，厚度最高可达 9m 左右。就岩心观察与描述资料来看，整体的垂向组合类型特征为一段浊积岩与长段的夹小段泥岩的砂质碎屑流的互层组合（图 3-5、图 3-6）。

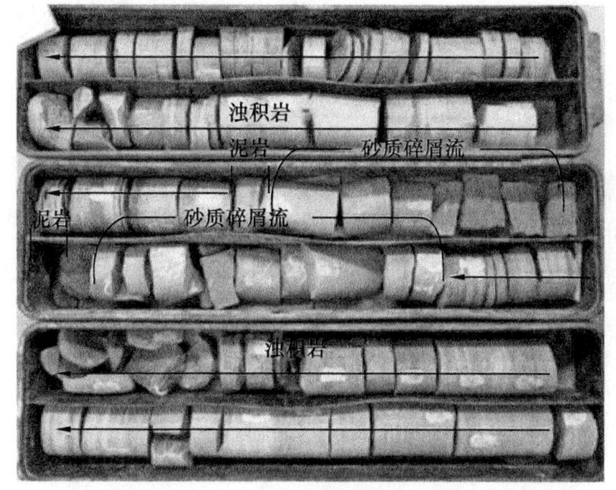

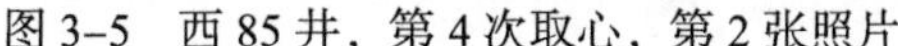
图 3-5 西 85 井，第 4 次取心，第 2 张照片

图 3-6 西 195 井，第 1 次取心，第 2 张照片

研究区共发育六类砂体垂向组合类型，分别为：A 型砂体叠置型，以环 54 井为例；B 型厚层砂体等厚型，以庄 61 井为例；C 型薄层砂体等厚型，以白 227 井为例；D 型砂体向上变薄型，以宁 34 井为例；E 型砂体向上变厚型，以演 20 井为例；F 型砂体薄厚互层型，以正 6 井为例。其中 A 型砂体垂向组合特征为三角洲前缘河道砂沉积，多为厚层中—细砂岩，由其砂体叠置关系可看出其为明显的河道砂。B 型、C 型、D 型、E 型、F 型砂体

垂向组合皆为半深湖—深湖砂沉积，其中 B 型为厚层的等厚砂体夹薄层泥岩叠置而成，其水动力强且变化不快；C 型为薄层砂与薄层泥互层，结合浊积岩资料与现场岩心描述可知，该型常为 AE 型浊流沉积；D 型为砂体厚度向上有逐渐变薄趋势的叠置组合类型，由下至上，厚层砂与薄层泥互层变为薄层砂泥互层，同样由岩心描述与浊积岩资料可知，该型为一段浊积岩与夹小层泥的砂质碎屑流的砂体叠置组合；E 型为砂泥互层叠置型，砂岩厚度向上逐渐变厚，泥岩厚度变化不大；F 型为砂体薄厚互层型，为多期的浊积岩与砂质碎屑流的叠置组合，其砂体厚度变化快，水动力条件变化快。

四、砂体剖面结构特征

通过对 54 口井完钻井资料的统计分析和两幅长 7_2 亚段至长 7_1 亚段砂体结构栅状图，可以得出研究区内西南至东北向的砂体连通性较好，重力流砂体具有明显的期次性，并且长 7_1 亚段砂体明显厚于长 7_1 亚段砂体［图 3–7（a）］。

研究区内东南至西北向的砂体连通性差，破折带砂体沉积厚度薄，砂体在湖中较发育并且长 7_1 亚段砂体明显厚于长 7_1 亚段砂体［图 3–7（b）］。

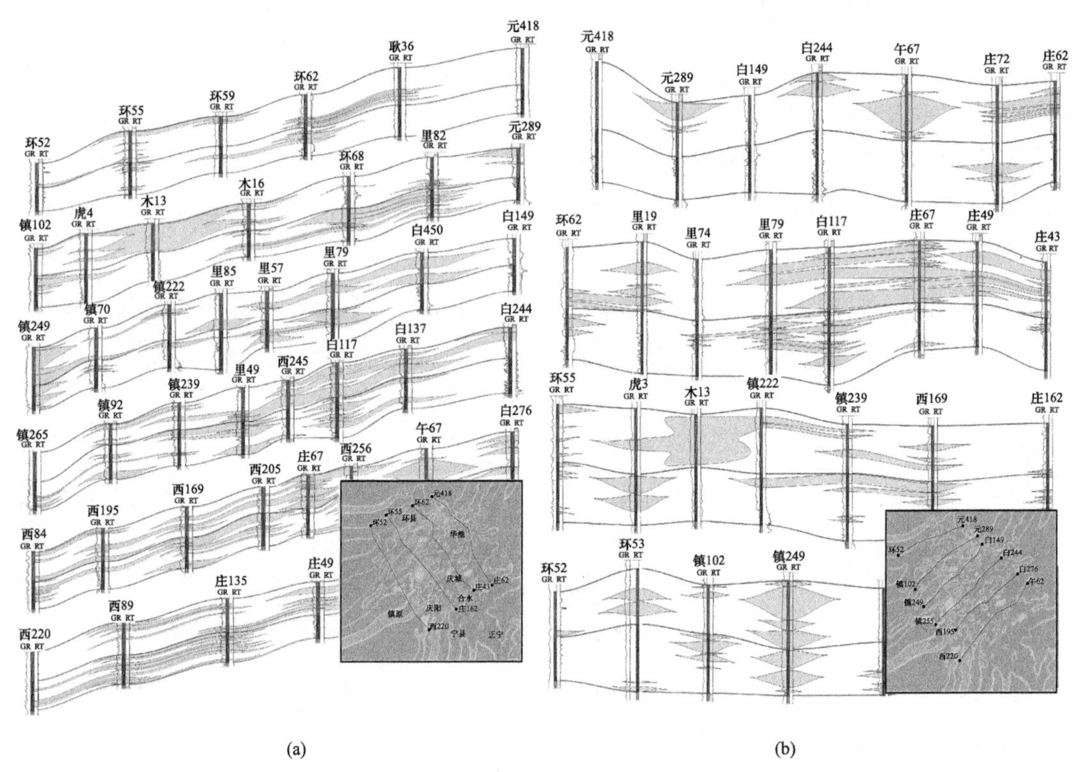

图 3–7　陇东地区长 7_2 亚段至长 7_1 亚段砂体结构栅状图

由于在研究区内位置的不同，砂体剖面结构也不同。在辫状河三角洲、斜坡区及湖区，其砂体结构都有各自的特征（图 3–8）。

（1）辫状河三角洲：该区砂体单层厚度大，粒度粗，多呈条带状—面状分布，为典型三角洲河流相河道沉积砂体。

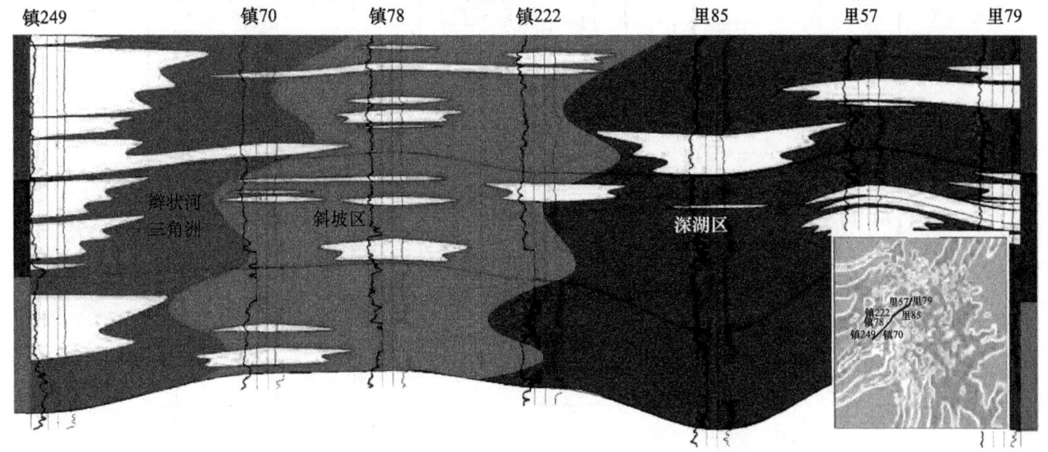

图 3-8　陇东地区镇 249 井—里 79 井长 7 段沉积剖面图

（2）斜坡区：该区砂体在剖面上单层厚度相对较小，可见透镜状分布，多见滑塌变形及泥线发育，该类砂体曲线上表现为微齿状。

（3）湖区：该区沉积砂体在剖面上单层厚度有大有小，研究区内不同地区单层砂泥沉积分布规律，有明显的沉积期次性。

第三节　储集砂体结构及其特征

长 7 段储集砂体岩石类型主要为中细粒长石砂岩，其次有岩屑长石砂岩，从沉积成因类型上看主要为三角洲前缘河道砂体、砂质碎屑流型砂体。现将各种不同的储集砂体成因类型的具体特征分述如下。

一、三角洲前缘河道砂体

水下分流河道砂体是三角洲前缘的主要骨架砂体，岩性主要为灰色或浅灰色中—细砂岩，厚度一般为 2～9m，砂体具有粒度向上变细的正粒序结构，砂体底面起伏不平，与下伏层呈突变冲刷接触关系。向上发育槽状交错层理、板状交错层理、平行层理，如环 54 井的细—中砂岩（图 3-9）。

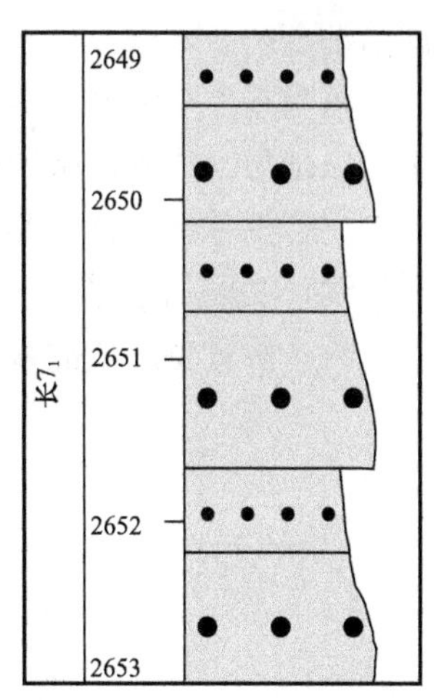

图 3-9　环 54 井砂体结构图

二、砂质碎屑流砂体

研究区湖相砂质碎屑流沉积在半深湖亚相中相当发育，是一种非常重要的储层（图 3-10）。砂质碎屑流沉积由灰色、褐灰色块状细砂岩构成，砂岩颗粒分选较好以细粒为主，砂质碎屑流沉积以厚层块状细砂岩为主，砂岩厚度均在 0.5m 以上，大多大于 2m，研究区最厚可达 9m。此类砂岩不发育任何层理，砂质较纯，无粒序变化，层内可见漂浮的泥砾。

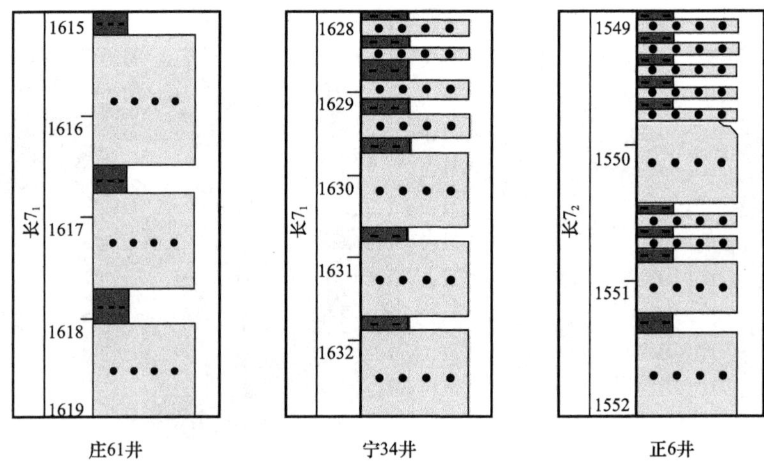

图 3–10　砂质碎屑流砂体结构图

为具体研究各类储集砂体在平面上的展布规律，通过分析研究区主要井位测井曲线的典型特征，分小层绘制了研究区长 7_2 亚段至长 7_1 亚段的砂体结构平面分布图（图 2–37、图 3–2）。砂体结构在平面上有明显的分带性，三角洲平原、前缘地带处多为厚层砂体叠置型，单层砂体厚度较大；半深湖区域则多发育砂质碎屑流砂体，其特征是在一长段无粒序变化的砂体夹薄层泥岩。长 7_1 亚段沉积期砂体分布继承了长 7_2 亚段沉积期的规律，砂体发育规模更加大，中部砂体叠置发育更为明显。

通过绘制西南至东北向砂体结构剖面图对研究区不同物源控制区的砂体结构进行具体分析，发现长 7_1 亚段沉积期砂体厚度较薄，砂体连通性不如长 7_2 亚段沉积期好。总体上砂体由东北部至中部的混合物源区厚度逐渐增加，连通性变好。主要砂体结构为砂质碎屑流砂体。

长 7_2 亚段沉积期东北沉积体系砂体明显变薄，连通性变弱，砂体结构主要为河道砂体，其中研究区中部砂体发育厚度明显弱于长 7_1 亚段沉积期砂体厚度，表明中部地区深湖活动变弱。

从盆地中生界延长组长 7 段的石油地质特征看，80% 储量在砂质碎屑流砂体中，并且主要以地层、岩性隐蔽油藏为主。勘探实践证明主力产层长 7 段具有低孔隙度、低渗透率特点，各油井的含油性和产量明显受砂体形态、沉积微相展布特征控制。因此，可以说只要找到长 7 段的半深湖—深湖区域的砂质碎屑流砂体，在很大程度上也就意味着找到了油藏。长 7 段具备形成油藏的有利因素。

第四章　湖盆底型定量恢复

第一节　古地貌研究现状

古地貌恢复技术经过多年的油气勘探实践经验已得到长足发展。目前，常用的古地貌恢复方法有：（1）残留厚度和补偿厚度印模法；（2）回剥补齐法和填平补齐法；（3）沉积古地貌恢复法；（4）层序地层法。其中，残留厚度和补偿厚度印模法、回剥补齐法和填平补齐法这两种古地貌恢复方法曾经得到广泛应用，是比较传统的古地貌恢复法。

一、残留厚度和补偿厚度印模法

古侵蚀面是一个高低起伏不平的面，上覆沉积层将按照“填平补齐”的原则进行沉积充填，由于地层是逐渐地一层一层向上加积的，故在古侵蚀面上地势低洼地区的上覆沉积层较厚；相反，地势较高地区的上覆沉积层则较薄。因此，可以利用古风化壳上覆充填沉积的标志层至侵蚀面厚度等值线图来镜像反映侵蚀面的古地貌格局。

在运用“印模”法进行古地貌恢复时，上覆沉积层中标志层的选择比较重要，一般应尽可能地选择靠近侵蚀面附近的某一界面，而且此界面在沉积时最好是一个基本上与古海（湖）平面平行的一个面或近似的水平面，显然代表基准面的沉积界面必须满足以下条件：

（1）是全区范围内分布的等时界面，能够代表当时的海平面。

（2）该沉积界面离风化壳面越近越好，因为越接近风化壳受后期构造活动影响及古地貌相对起伏的变化越小，该沉积界面与风化壳间的地层厚度越能反映风化壳当时的地形起伏变化。

（3）这个界面必须是一个强波阻抗界面。只有这样，才能使该界面的地震反射波特征明显，反射波同相轴与地质界面的对应性稳定，在地震剖面上容易识别和对比。

通过地震方法求取标志层和侵蚀面的等深度图，把二者相减即可获得标志层至古风化面的地层厚度等值线图；厚度较大的地区即古地貌低地，厚度较小的地区则古地貌高。如果古风化面至标志层之间的地层为碎屑岩地层，考虑到压实作用对地层厚度的影响，有时还必须作压实校正。

按此方法，古地貌恢复的流程如下：

（1）层位对比与标定。在充分利用每一口井钻井资料的基础上，制作了各井的合成记录，利用合成记录标定了过井剖面，为地震资料对比解释提供了可靠的保证。

（2）标准层对比解释。基准面的地震资料对比解释、相关构造解释、基准面闭合。

（3）读取时间厚度并初步核查。在时间地震剖面上读取基准面（根据合成记录标定位置）至风化壳顶面的时间厚度。在初步获得 T_0 时间厚度平面图后，必须做验证工作。例如，残丘地形在地震剖面上除厚度减薄外，还应有其他特征，如纵横剖面上都应有厚度减薄特征。同样对于下切沟谷，平面上必须是呈条带状的负地形，地层沉积相对较厚，深切谷规模较大时，可见下伏地层被沟谷削截，上覆地层沿沟谷两侧上超。所有这些地貌单元在地震剖面上应具备的特征与平面上所表现出来的特征一致时，可以进行下一步工作；否则，必须返工直到找出原因为止。在古地貌解释与编图过程中，这一环节最为重要。

（4）基准面至风化壳顶面的等厚度图编制。将时间厚度转化为深度需要一个时深转换速度，即平均速度。如果有足够的速度谱资料，可以结合 VSP、声波测井资料求得目的层的速度场，然后通过速度场变速转换时间厚度为深度值。

（5）去压实校正、差异构造升降校正和古水深校正。在完成时深转换后，得到的只是现今的地层等厚度图，必须通过去压实把现今的地层厚度恢复到地层沉积时的厚度，这就是去压实厚度恢复；同时由于地层沉积过程中有构造的差异沉降作用，因此，还应做差异沉降校正。另外，还要做古水深校正，因为沉积表面与水平基准面之间还存在水的深度。

（6）古地形图编制。将基准面至风化壳顶面的时间厚度乘以层速度可得出基准面至风化壳顶面的厚度。

二、回剥补齐法和填平补齐法

该方法通过对某一时期现存沉积地层厚度的压实校正、顶部剥蚀量恢复和沉积期古水深的估算相结合，来恢复不同地质时期的构造古地貌形态及其演化，其基本原理是质量守恒和沉积压实原理。其中计算出的目的层之上、第一期完全覆盖剥蚀界面沉积发生之前的古地貌，在碳酸盐岩地区岩溶储层预测中的构造古地貌恢复中最重要，过程如下：

（1）压实校正。由于沉积物压实孔隙度随埋深的增加、地层加大而变小，要恢复地层的原始厚度必须进行去压实校正。

（2）剥蚀厚度恢复。回剥技术建立在地层骨架厚度保持不变的前提下，从已知地层分层参数出发，按地层年代逐层剥出，期间考虑沉积压实、间断及构造时间等因素，直至全部地层被回剥为止，最终恢复各地层的埋藏史。

（3）古水深校正。地质历史时期的盆地通常有一定的古水深，且各个沉积单元沉积时的古水深不同，尤其是深水区域。水深对沉降量的计算不容忽视，因此盆地的总沉降量应该是沉积厚度和古水深之和。

（4）海平面变化校正。一般是以现今海平面为基础计算沉降幅度的，而古水深应是以当时的海平面为基准的。层序地层学的研究表明，古今海平面的变化较大。因此，沉降史回剥中还应该进行海平面变化校正，通过上述几个方面的校正，最终即可得到盆地的原始沉降深度。

三、沉积古地貌恢复法

为了预测并确定储集岩的位置及特征，必须研究沉积环境、古地貌和古地理，因此必须将沉积学与地貌学结合起来（谢又予，2000）。在应用沉积学方法进行沉积前古地貌恢复时，主要是利用各种基本地质图件，同时结合成因相分析、古构造发育特点、古流向分析等多种沉积分析手段进行综合研究，得出沉积前古地貌的大概轮廓。

沉积古地貌恢复法的研究方法主要有：（1）通过古地质图了解沉积前的古构造格局、各地区的剥蚀程度等，从区域上了解研究地区的古地形特点；（2）通过研究古构造发育特点，可以揭示出构造抬升区块和沉降区块；（3）根据沉积相产出特点和规律进行古地貌与古环境分析；（4）研究沉积地层发育特点和沉积体系时空配置特征；（5）勾画出当时的剥蚀区和沉积区，展现沉积体系的发育程度与背景条件，判别当时的沉积体系发育类型特点与水动力条件及地层的时空配置关系和总体地形式样。

从沉积学角度出发，进行古地貌恢复研究的定量化手段有待进一步研究；利用地层等厚图时必须尽量恢复出沉积与剥蚀关系，特别是建立沉积量与近距离剥蚀量的关系，以提高恢复精度（谢又予，2000）；同时，应考虑不同岩性的压实率差异，使用沉积原始厚度所得到的计算结果精度更高。另外，应注意差异构造运动的影响，如果盆地整体均匀下降，则保留的埋藏地貌与沉积前古地貌变化不大；如果差异构造运动大，则保留下来的埋藏地貌与沉积前原始地貌变化较大，变化大小与构造差异幅度有关，古地貌恢复将更复杂（赵俊兴等，2001）。

四、层序地层法

古地形地貌是控制盆地内沉积相发育与分布的主导因素，层序地层单元结构类型、叠加式样由基准面旋回变化控制着，因此其在基准面旋回中所处的位置与沉积动力学关系等可以对沉积地层进行高分辨率的等时地层对比。高分辨率层序地层学进行沉积前古地貌分析也是建立在等时基准面的基础上进行的。

应用高分辨率层序地层学进行古地貌恢复时，其参考界面为基准面，但应针对研究需要来选择对比时所使用的基准面旋回级次（赵俊兴等，2003）。

高分辨率层序地层学方法恢复古地貌技术关键是对比参照面的选择。等时性的基准面在整个盆地中是一个连续光滑的曲面，在不同的沉积体系发育位置，其曲率大小不同，可以以基准面作为对比参考面来恢复出下伏地层沉积前的原始古地貌形态。另外，最大洪泛面在实际对比中具有更好的实际操作性，将两者结合进行地层柱状剖面对比来反映沉积前古地貌形态是该方法的关键。

在使用该方法时需要注意：（1）要运用沉积学方法判定沉积体系发育的类型，以便确定出进行对比参考面的形态；（2）应正确使用高分辨率层序地层学方法进行不同级次基准面旋回对比；（3）应考虑压实作用的影响，使用压实率系数进行原始沉积厚度校正，提高恢复精度。

第二节　古地貌恢复方法

一、印模法

视待恢复地貌结束剥蚀开始上覆地层沉积时为一等时面，利用上覆地层与残余古地貌之间存在的“镜像”关系，通过上覆地层的厚度半定量恢复古地貌的形态。地层沉积后，在上覆地层的重力作用下，机械压实作用使孔隙度越来越小，地层的厚度也减小。根据现有井所得到的地层厚度（压实之后的厚度），要恢复古地貌首先要将未被压实的厚度恢复出来，还原到地层刚沉积完全还未压实时地层的原始厚度（图 4–1）。

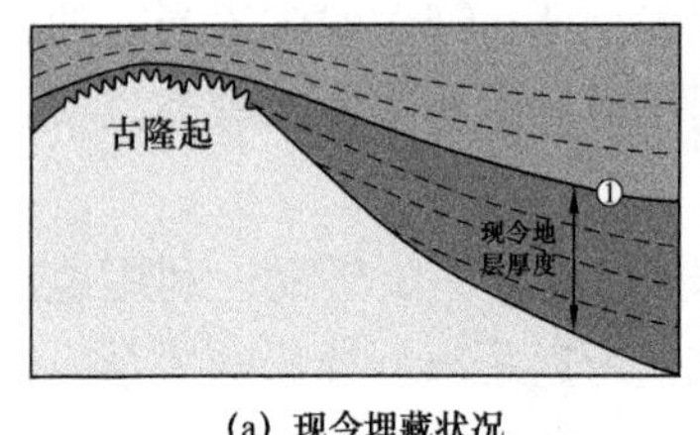

(a) 现今埋藏状况

(b) 定标志层，层拉平

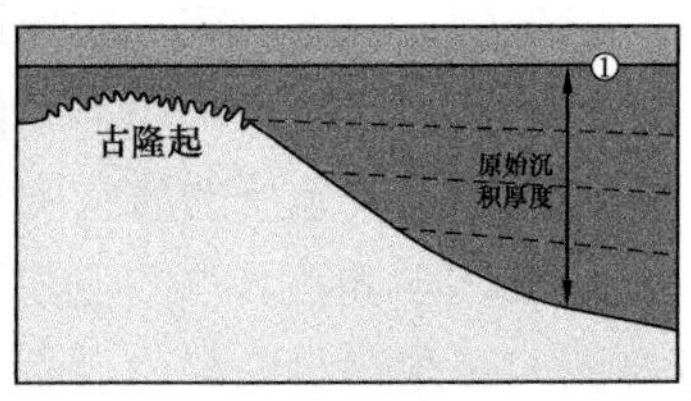

(c) 压实校正

图 4–1　印模法

运用印模法进行古地貌的恢复关键在于等时性标志界面的选取。在整个鄂尔多斯盆地长 2 段底部为一套沼泽沉积，测井曲线在该层响应特征明显。本次研究选择长 2 段底部的泥岩段作为古地貌恢复的基准面，恢复计算出长 7 段至长 3 段厚度，从而达到古地貌恢复的目的。

二、压实恢复及其原理

依据“正常压实规律”和“岩石骨架体积不变原理”，利用孔隙度和深度关系来恢复沉积原始古厚度的方法。根据孔隙度—深度方程，选择适用模型，计算校正量，恢复原始沉积厚度。目前，压实校正主要有两种模型：（1）地层骨架体积不变模型；（2）地层骨架质量不变模型。本次选择地层骨架体积不变模型，模型假设如下：

（1）在地层的沉积压缩过程中，压实只是导致孔隙度减小，而骨架体积不变。

（2）压实过程中，地层横向宽度保持不变，仅纵向厚度随埋藏深度而减小。

（3）地层压实程度由埋藏深度决定，具有不可逆性。即埋藏深度不超过最大古埋深时，地层压实程度不变。

根据质量守恒法则即沉积压实原理，随埋深的增加，地层的上覆盖层负荷（负载）也相应增加，导致孔隙度变小，其体积也随之变小，可以假定地层横向上在沉积过程中不变，仅在纵向上变化，同时假定地层的骨架厚度（也称实心厚度）始终不变，因此地层体积变小就归结为地层厚度变小。由此可见，借助于孔隙度—深度方程关系就可以恢复出地层的古厚度和古埋深。其主要思路是：各地层在保持其骨架厚度不变（除剥蚀和构造因素外）的条件下，从一致的单井分层参数出发，按地层年代逐层剥去，直至全部地层被回剥为止，最终恢复出该井各地层的埋藏历史。

1. 砂岩压实恢复原理

上覆沉积物和水体的静水压力使刚刚沉积下来的、疏松的沉积物固结成岩的过程称为压实作用，这是一种常见的地质现象和地质作用。压实作用不仅可以排除沉积物中的水，缩小体积、降低孔隙度，而且伴有结构、构造或新生矿物的形成，促进沉积物固结硬化。

压实效果随沉积物性质而有所不同。对泥质沉积物的作用最大，对砂质沉积物作用较小，对蒸发岩作用则更小。沉积压实作用最大的效果是沉积物中孔隙度的减小。而孔隙度的减小在地层上的表现就是地层厚度的减薄。

1）砂岩 ϕ—h 关系

根据前人研究可知：岩层孔隙度随深度增加有规律的减小，并且孔隙度与深度存在以下关系（图 4–2）：

$$\phi=\phi_0 e^{-ch}$$

式中　ϕ——深度 h 处的孔隙度；

ϕ_0——地表初始孔隙度；

c——压实系数，m^{-1}；

h——地层埋藏深度，m。

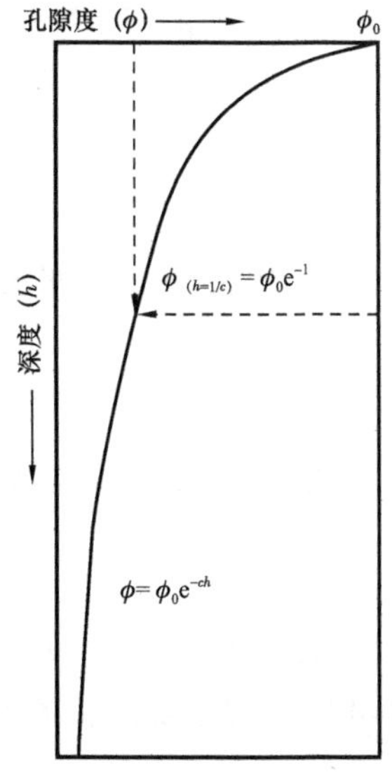

图 4–2　孔隙度与深度关系图

只要有了不同深度地层岩石的孔隙度，就可以做出 ϕ—h 关系曲线（图 4–3），从而得到初始孔隙度 ϕ_0 和压实系数 c。压实系数 c 和初始孔隙度 ϕ_0 与岩性有关。岩性不同，压实系数就有所不同。而鄂尔多斯盆地长 7 段沉积时期主要以细砂岩沉积为主。因此，我们做出了细砂岩的 ϕ—h 关系曲线，求取了初始孔隙度 ϕ_0 和压实系数 c，并且拟合得出了砂岩的 ϕ—h 关系式：

$$\text{陇东地区：}\phi=35.61e^{-0.0006h}$$

$$\text{陕北地区：}\phi=33.484e^{-0.0007h}$$

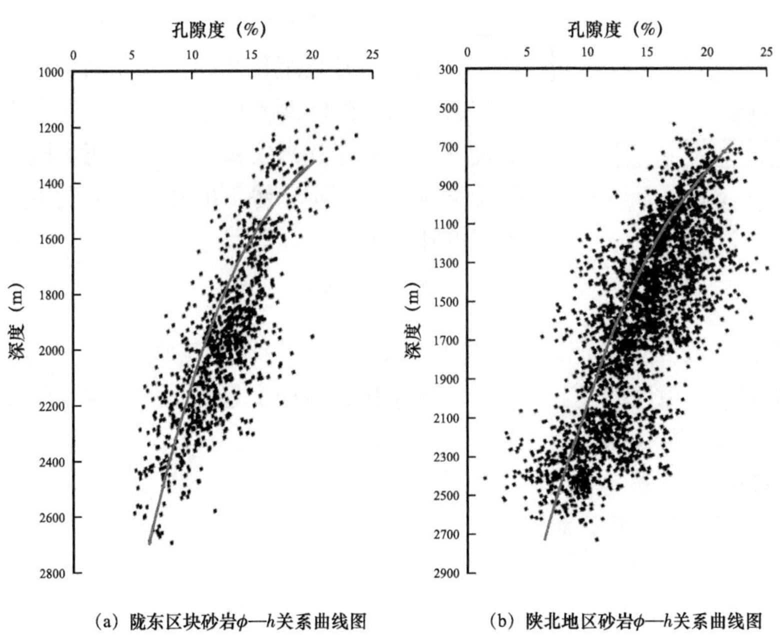

图 4–3　砂岩 ϕ—h 关系曲线图

2）砂岩的压实恢复计算

设孔隙度压实方程为 $\phi(h)$，对 B 地层来说，取单位面积，现孔隙度所占厚度为：

$$V_{\mathrm{B}}=\int_{h_{\mathrm{a}}}^{h_{\mathrm{b}}}\phi(h)\mathrm{d}h$$

B 地层沉积末期的孔隙度所占厚度为：

$$V_{\mathrm{B1}}=\int_{h_{\mathrm{b}_1}}^{0}\phi(h)\mathrm{d}h$$

根据压实前后岩石骨架体积保持不变的假设关系式为：

$$\left(h_{\mathrm{b}}-h_{\mathrm{a}}\right)-V_{\mathrm{B}}=\left(h_{\mathrm{b}_1}-0\right)-V_{\mathrm{B1}}$$

对于该式两边，h_{a}、h_{b} 均为已知，因此可以求出 h_{b_1}，即 B 层沉积末期底界埋深（图 4-4）。根据此原理，可以求出长 7 段底至长 2 段底砂岩的古厚度。

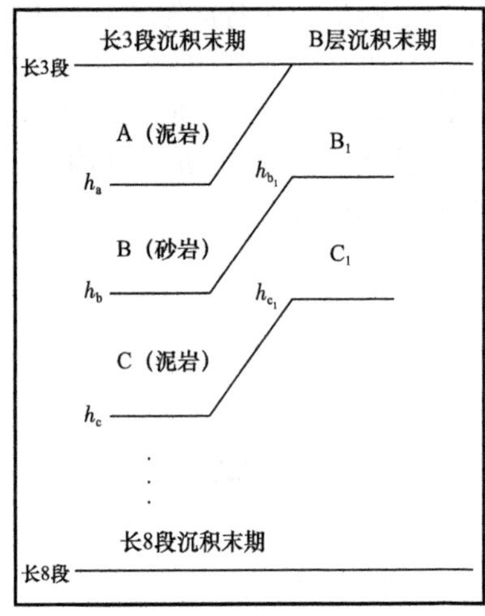

图 4-4　砂岩恢复原理示意图

2. 泥岩压实恢复原理

泥岩地层孔隙流体压力在地层沉积压实过程中随岩石孔隙度的变化而变化。随着埋深的加大，压实程度不断增大，地层厚度主要通过孔隙体积的减小而减小，当厚套泥岩地层出现流体排出不畅时，便产生欠压实，使得孔隙流体承担了部分上覆地层压力，从而产生异常高压。因此，泥岩地层古压力恢复的关键是古孔隙度的恢复。

通过声波时差对数曲线研究发现陇东地区乃至整个鄂尔多斯盆地延长组长 7 段泥岩普遍发育欠压实，所以泥岩古孔隙度的恢复不能单一靠恢复泥岩古埋深代入孔隙度—深度关系式来实现。对于欠压实段，可以认为其孔隙度是正常压实趋势下的孔隙度加上由欠压实作用而形成的孔隙度增量，即：

$$\phi=\phi_{\mathrm{N}}+\Delta\phi$$

其中 ϕ 为长 7 段欠压实泥岩总孔隙度；ϕ_{N} 为长 7 段泥岩正常压实下的孔隙度；$\Delta\phi$ 为长 7 段欠压实泥岩孔隙度增量。因此，分别求出正常压实趋势下的孔隙度值和孔隙度增量可以得到欠压实段的总孔隙度。

1）泥岩的 ϕ—h 关系

根据长庆油田经验公式，泥岩的 ϕ—h 关系式为：

$$\phi_{\text{正}}=0.67\mathrm{e}^{-0.000945h}$$

$$\phi_{\text{欠}}=-135.7+0.1558\,h+\left(-4\times10^{-5}\right)h^2$$

2）泥岩的压实恢复计算

设孔隙度压实方程为 $\phi(h)$，对 C 层泥层来说，取单位面积，现今孔隙度所占厚度为（图 4–5）：

$$V_C = \int_{h_{c_1}}^{0} \phi_{正}(h)\mathrm{d}h$$

C_1 层沉积末期的孔隙度所占厚度为：

$$V_{C_1} = \int_{h_c}^{h_b} \phi_{欠}(h)\mathrm{d}h$$

根据压实前后岩石骨架体积保持不变的假设，有

$$h_b + h_{c_1} - h_c = \int_{h_{c_1}}^{0} \phi_{正}(h)\mathrm{d}h - \int_{h_c}^{h_b} \phi_{欠}(h)\mathrm{d}h$$

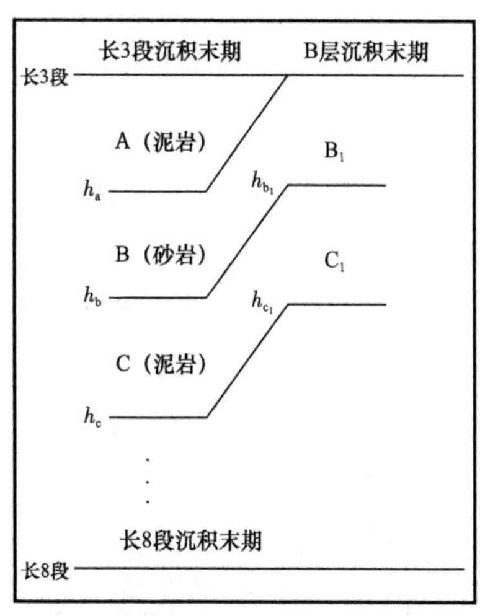

图 4–5 泥岩恢复原理示意图

可求得 h_{c_1}，根据此原理，可以求出长 7 段—长 2 段底泥岩的古厚度。最后，可以算出长 7 段—长 2 段底的总厚度，运用印模法恢复出鄂尔多斯盆地长 7 段沉积期湖盆底型特征。

3. 软件介绍

压实恢复需要定量恢复盆地的某一沉积单元或一系列单元（层序或地层）自沉积开始至今或某一地质时期的埋藏深度变化情况。本次目的在于恢复长 7 段—长 2 段底的厚度，计算过程从长 7 段底部泥岩段开始，逐层恢复计算至长 2 段底，过程环环相扣，利用基本的运算不可能实现。因此，通过 MATLAB 编程软件编写了古地貌恢复程序，有效的计算出地层厚度（图 4–6）。

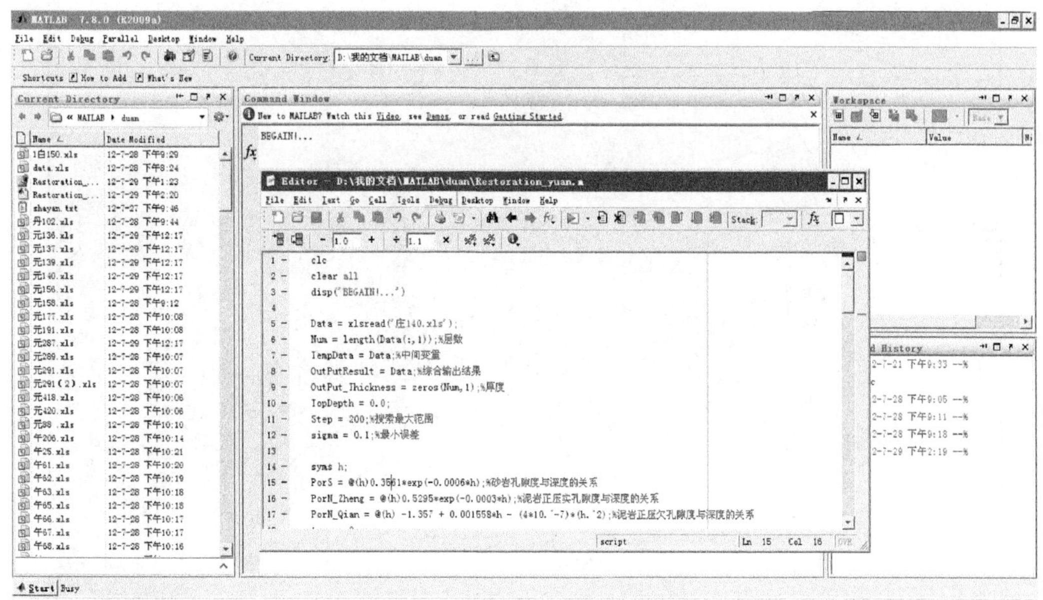

图 4–6 程序编写过程示意图

第三节　古地貌恢复结果

通过 MATLAB 编程软件，共恢复出 191 口单井长 7 段—长 3 段古地层厚度（表 4–1、图 4–7）：

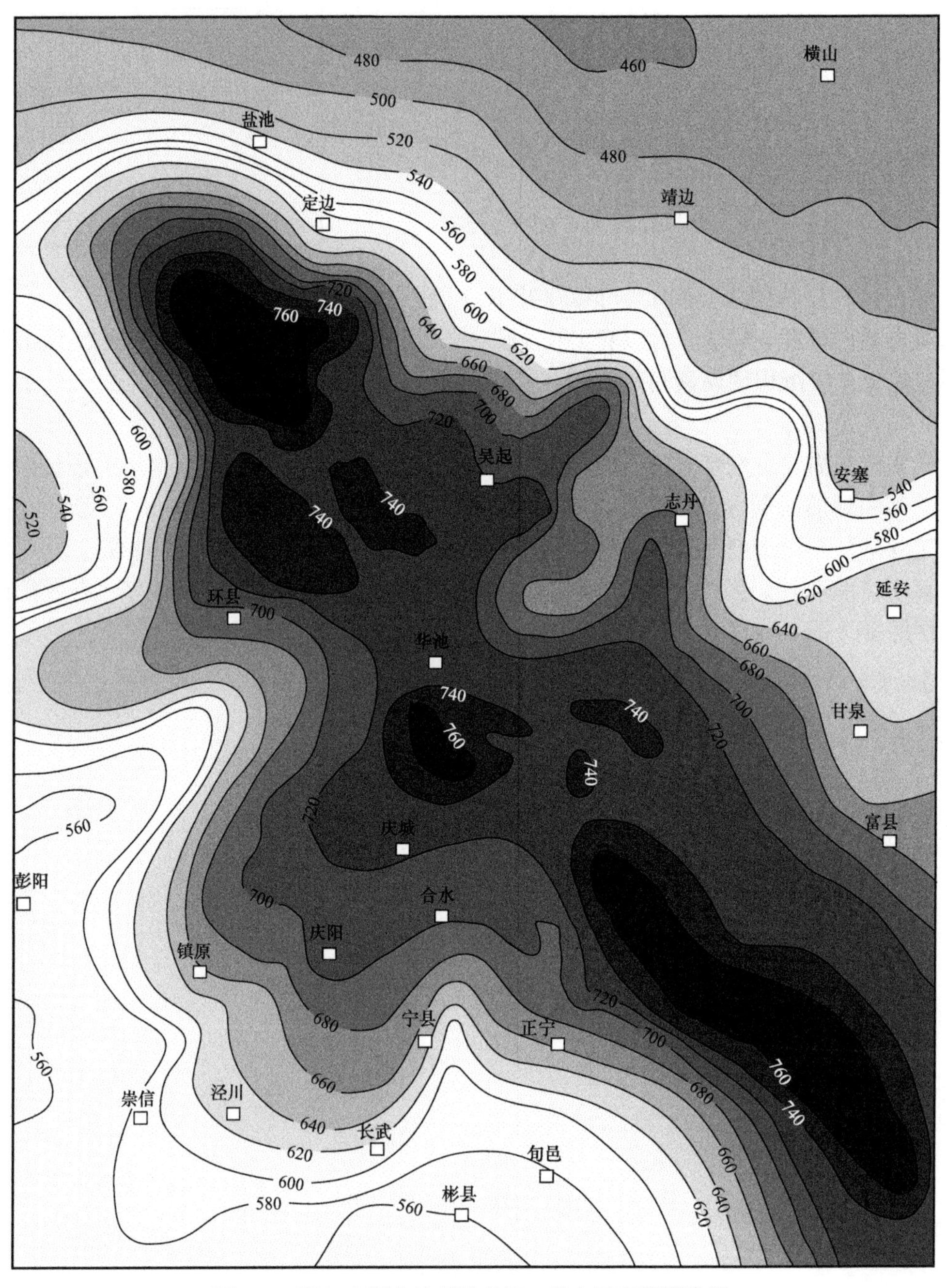

图 4–7　鄂尔多斯盆地延长组长 7 段古厚度等值线图

表 4-1　鄂尔多斯盆地单井长 7 段—长 3 段古地层厚度表

井名	现今厚度（m）	恢复厚度（m）	井名	现今厚度（m）	恢复厚度（m）	井名	现今厚度（m）	恢复厚度（m）	井名	现今厚度（m）	恢复厚度（m）	井名	现今厚度（m）	恢复厚度（m）	井名	现今厚度（m）	恢复厚度（m）
安 21	417	570.9166387	峰 7	456	688.753913	山 136	446.2	740.7546871	演 29	418	509.0266505	庄 71	437.1	720.7135514	耿 81	445.5	725.2606516
安 27	416	576.9251546	峰 12	389.9	727.4188221	山 138	474.6	738.4578653	元 136	504.2	709.5090208	庄 74	438	727.2968469	耿 96	438.7	755.6168647
安 99	420	620.9848632	高 20	439.8	735.4011193	山 139	440.6	735.4567484	元 137	437.4	736.2245748	庄 76	429.2	732.0490391	黄 5	434	748.4878736
白 137	438	749.1321764	耿 30	443	759.2872444	山 140	446.33	743.1747793	元 139	419.4	724.9366454	庄 77	431.3	681.5752845	黄 14	427	791.6882139
白 142	444	741.1548803	耿 45	445.7	730.1330046	山 143	444.7	700.2684934	元 140	429.5	719.0715689	庄 78	439.6	723.2083397	黄 15	436	729.5748563
白 143	435.8	728.8120742	耿 74	442.7	755.674521	山 145	446.9	710.5648757	元 156	427.91	743.8626487	庄 80	449.7	728.9482546	黄 37	420	748.5545644
白 150	426	740.4464827	耿 99	458.1	714.0259995	山 149	434.4	715.9241566	元 177	439.9	729.6587846	庄 81	438.4	726.4050895	镰 36	416	526.9172338
白 244	434	732.1846719	环 59	441.8	641.4377939	山 155	449.8	693.9746621	元 287	414.1	737.5878539	庄 140	420.7	720.8269407	镰 37	396.9	562.9171798
白 256	440	738.2809235	环 64	462.7	717.4142992	塔 9	431.2	778.5922412	元 289	405.2	699.3545487	池 11	424.4	653.1484179	镰 38	402	577.6082324
白 257	435.2	721.155044	环 67	452.5	727.6243114	塔 13	489.2	730.7262872	元 291	435.2	729.4887542	池 38	440	687.1709366	镰 41	400.6	568.7574357
白 264	448	746.8785535	环 74	460.2	775.8164304	塔 17	432.7	766.9262397	元 418	441.6	676.9554547	池 49	418	630.111654	罗 1	410	725.9245539
白 267	434.9	727.2459956	环 76	480.6	626.2558287	塔 19	441.1	715.4857554	元 420	458.3	743.7195938	池 52	420.6	773.4441577	罗 2	447	716.5714122
白 270	443.4	733.332166	黄 7	435	687.6469899	塔 20	432.7	724.3567424	镇 84	402.9	536.5667159	高 12	396.2	692.4431183	罗 6	442.7	722.3504907
白 272	437.4	738.5834178	黄 18	448	757.092089	吴 470	392.8	732.4468086	镇 252	409	667.772137	高 13	447	692.05189	罗 7	429.2	727.4396041
白 275	436.5	742.1205152	黄 25	428.8	754.1173312	午 25	448	746.303243	镇 282	410	625.4378976	高 18	385.1	690.2456863	罗 18	439.4	751.7969155
白 276	438.1	737.6881709	黄 51	439	767.1005706	午 62	461.2	752.5397997	正 7	430.9	721.5352671	高 31	416	684.7527621	罗 27	447	722.0483607
白 282	444	749.8552634	黄 52	436	753.0012	午 65	444.7	728.8765546	正 8	438.6	710.5000566	高 32	414	581.9735166	罗 37	437	747.692762

续表

井名	现今厚度（m）	恢复厚度（m）	井名	现今厚度（m）	恢复厚度（m）	井名	现今厚度（m）	恢复厚度（m）	井名	现今厚度（m）	恢复厚度（m）	井名	现今厚度（m）	恢复厚度（m）	井名	现今厚度（m）	恢复厚度（m）
白 416	441	722.6286624	罗 11	460.3	740.9159235	午 66	437	726.4546748	正 16	422.7	631.8090466	高 34	427.4	683.0668568	罗 42	443	737.5489746
白 426	444.6	725.4806227	罗 17	442	617.6452879	午 67	453	721.5033023	正 19	427	628.5938527	高 35	423.5	574.9986352	罗 47	423.9	777.0839234
白 430	446.3	686.2131022	罗 31	541	628.4917531	午 68	480.2	738.1285588	正 24	428.8	712.51 44628	高 48	409.6	589.4450222	罗 50	430	751.0004249
白 462	423	726.1547834	宁 24	430.9	645.1855909	午 72	443.2	740.4876346	正 25	481.6	624.8250524	高 50	406	684.7757676	桥 5	457.2	630.323076
白 479	473	727.4890268	宁 32	409	706.5485593	午 83	455.9	723.4124313	庄 33	430.4	718.4587445	高 51	424	687.1545618	桥 6	424	632.2726525
白 483	436	736.1564735	宁 37	458.1	702.4472582	午 206	487.8	751.5402676	庄 52	427.9	697.980775	高 52	412	708.2674235	桥 7	430.2	555.4313069
白 490	450.7	756.5487621	宁 38	453.8	712.6752091	西 92	422.8	720.2224832	庄 54	426.5	705.6377393	高 66	386.6	700.5264545	桥 8	437	562.1700349
白 605	470	782.4568624	宁 51	441.3	717.5320816	西 172	468.1	723.6568415	庄 60	424.1	691.1954599	高 67	373	630.2494827	桥 9	441	555.5456486
城 120	440.2	740.8652715	山 103	451.5	728.7845644	西 246	426.4	737.695666	庄 62	430.7	34.1003858	耿 52	444	716.871686	桥 10	449.5	572.1534411
城 121	420.3	741.7375053	山 104	484.6	721.3833446	西 248	394.2	734.6864578	庄 65	426.2	739.8240878	耿 68	451.3	754.5647292	桥 12	457	578.1067941
丹 102	599.4	638.6487544	山 105	441.5	734.9745485	西 252	418	736.0385049	庄 66	445	748.1803639	耿 79	440.3	756.7574538	桥 13	461.2	584.0352323
杨 36	394.5	568.2434543	山 110	436.3	726.3485798	新 36	438.8	568.395274	庄 67	422.1	722.1451718	新 21	410	598.1548568	新 202	388.5	588.25982
杨 37	396.6	583.7956494	杨 51	445	546.5489875	桥 15	434.8	578.5486973	桥 23	444	589.1654866	新 77	414	555.821689	杨 30	376.7	555.5063106
杨 38	392.6	535.9581043	元 158	442.6	638.1795035	桥 16	427	595.5133437	桥 24	457	602.7715567	新 78	395.6	586.121 4541	杨 32	396.9	507.6345977
杨 42	409	566.5646059	桥 20	447	596.9884515	桥 18	426	562.117688	桥 28	448.5	584.8829047	新 79	383	576.9094178	杨 33	422.6	510.2654964
杨 47	392	519.1854	新 20	400	588.1827049	桥 19	434	563.7675772	新 18	408	542.1776929	新 80	410	553.8863712	杨 34	425	564.5486463

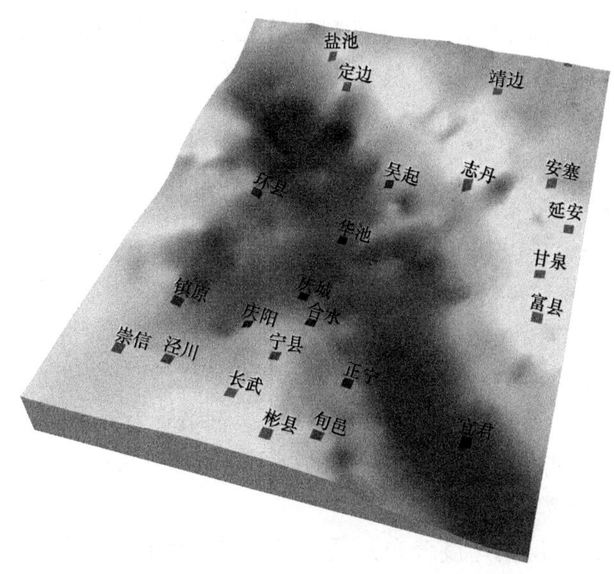

图 4–8 鄂尔多斯盆地延长组长 7 段古地貌地形图

一、湖盆底型特征

湖盆底形的恢复要大致确定出湖平面到湖盆底部的深度。这个深度相当于延长组不同时期湖平面的水体深度（古水深）与这个时期沉积的地层厚度之和。因此，在湖盆底形恢复之前必须要进行地层厚度校正和古水深校正。

地层厚度校正要在获得残余厚度的基础上，对地层进行剥蚀厚度校正和压实厚度校正。其中，残余地层厚度的拾取可以通过不同钻井的分层数据获取；对于钻孔较少的区域，合理的利用地震资料也是一种切实有效的方法。当沉积盆地中存在较大剥蚀时，进行剥蚀厚度恢复可以提高计算结果的精度，但同时应注意差异构造运动的影响；如果盆地整体均匀下降，则保留的埋藏地貌与沉积前的地貌变化不大；如果差异构造运动大，则保留下来的埋藏地貌与沉积前原始地貌变化较大，变化大小与构造差异幅度有关，古地貌恢复将更复杂（赵俊兴，2000）。对于鄂尔多斯盆地延长组而言，如果考虑晚三叠世末期抬升剥蚀掉的地层厚度，盆地西部的深凹陷带是遭受剥蚀最多的部位，而在残留图上隆起部位相应遭受剥蚀量较少，恢复出来的原始面貌使原先的深坳陷变得更深（何自新，2003）。在三叠纪末期地层剥蚀厚度图中，高剥蚀区分布在盆地西南的镇泾地区，最大剥蚀量在 400m 以上；盐池以北也存在一个高剥蚀区，剥蚀量约为 200m；安塞地区剥蚀量较小，一般都在 100m 以下。总体，延长组剥蚀厚度不大（陈瑞银，2006）。

地层的压实校正依照一个基本假设：即在压实过程中，其固体颗粒不可压缩，也不与外界有物质交换，因而骨架的体积保持不变，造成沉积物孔隙度和厚度减小的原因是孔隙中的流体不断被排出。沉积物的压实只发生在深度方向上，不考虑对横向上的作用，压实的程度由埋深所决定，具有不可逆性。具体方法是先求出地层骨架厚度，然后再根据地层骨架厚度不变的假设，利用初始孔隙度即可得到地层埋藏时的原始厚度。

结果显示，鄂尔多斯盆地总体呈东部较为宽缓，西部较为陡窄的不对称大型向斜形态。斜坡带古水深为30～70m，其中湖中最大水深可达150m左右（图4-8）。

二、坡度恢复

1. 利用层序厚度计算湖盆底形坡降

利用层序厚度可以计算沉积厚度的变化，主要通过坡降来反映。坡度计算：$\tan\theta=(d_2-d_1)/S$，这里的θ为坡角，(d_2-d_1)为两点处的沉积厚度差，S为两点间的水平距离。当然这只能适合计算沉积区的相对坡降，不适合无沉积区的计算，所计算出的坡角为古地形的最小坡角。同时，根据上覆地层向高地的超覆关系，可以计算出两点间地形的最小高差及当时地形的最小高差，计算公式如下 $\Delta d=|d_2-d_1|$ 这里 Δd 为地形最小高差；d_1，d_2 为两点间上覆地层厚度。所以利用层序厚度所得到的湖盆层序厚度坡降为：$\theta=\arctan(d_2-d_1)/S$。

2. 湖盆底形坡度计算

湖泛面的类型和湖泛层的厚度分布共同来确定湖盆底形。首先利用湖泛面的类型及其厚度分布特征计算出湖泛面所反映的湖盆底形的坡度$\theta_{湖泛面}$，其次在利用层序厚度计算出层序厚度的坡降度$\theta_{层序}$。再将湖泛面确定的湖盆底部坡度和层序所确定的湖盆底部坡度相叠加就得到最终的湖盆底部坡度变化，即湖盆底部形态坡度$\theta=\theta_{湖泛面}\pm\theta_{层序}$。然后利用下降半旋回层序厚度去压实校正后的厚度叠加在湖泛面确定的坡度之上，就是该层序上一层层序的湖盆底形θ_1，再利用该层序上一层湖泛面和它的上升半旋回确定的湖盆底形θ_2，由于这两种方式恢复的都是同一个层序的湖盆底形，所以将θ_1和θ_2两个湖盆底形进行综合，以几何平均值来确定该层序的湖盆底形，故$\theta_{总}=\sqrt{\theta_1\theta_2}$。计算结果显示如图4-9所示，陇东地区南部、西南坡度约为2.8°。

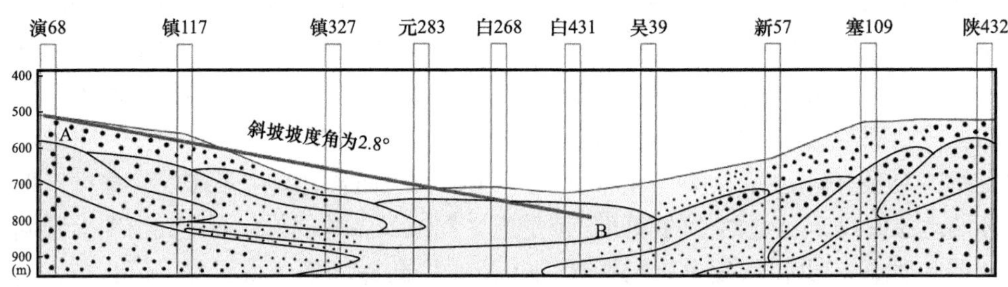

图4-9 演68井—陕432井连井坡度角示意图

第五章　物理模拟实验技术

沉积模拟研究始于 19 世纪末期，至今已走过了百余年的研究历程。回首百年，可将沉积模拟研究分为三个阶段：即 19 世纪末期至 20 世纪 60 年代初期阶段、20 世纪 60 年代至 80 年代迅速发展阶段和 20 世纪 90 年代以来的定量研究及湖盆砂体模拟阶段，每个阶段都有其研究重点和热点。可以认为 20 世纪 60 年代之后的沉积模拟研究成果推动了不同学科的交叉与繁荣，促进了实验沉积学的飞速发展，奠定了现代沉积学的基础。

第一节　物理模拟技术的研究历史、现状及发展趋势

一、物理模拟技术的研究历史

1. *以现象观察描述为主要研究内容的初级阶段*

19 世纪末期，Deacon（1894）首次在一条玻璃水槽中观察到泥沙运动形成的波痕，并对其进行描述。Gilbert（1914）第一次用各种粒径的砂在不同的水流强度下进行了水槽实验，较详细地观察和描述了一系列沉积现象和沉积构造，当时他描述的沙丘后来被其他研究者命名为不对称波痕。此后，Einstein（1950）、Brooks（1965）、Bagnold（1954，1966）等亦完成了一些开拓性的实验，并建立了实验沉积学的一些基本方法，但这一时期的实验内容总体比较简单，多以实验现象的观察和描述为主，缺乏理论分析和指导。Simons 和 Richardson（1961，1965）关于水槽实验的系统研究报告在沉积学界引起震动，应看作是该时期实验研究的代表性成果，因其主要研究成果已被用于沉积学教科书，这里有必要对 Simons 的研究作一概述。

Simons 的实验是在一长为 150ft、宽 8ft、深 2ft 的倾斜循环水槽上进行的，水槽的坡度可在 0～0.013° 之间变化，流量变化范围为 2～22ft^3/s。此外，Simons 等对特殊研究还用到一个长 60ft，宽 2ft，深 2.5ft 的较小的倾斜循环水槽，小水槽的底坡可在 0～0.025° 之间变化，其流量变化范围为 0.5～8ft^3/s。2ft 宽的小水槽中进行特殊研究是为了确定黏度、河床质密度和河床质的分选情况在冲积河道流动中的重要作用。

Simons 给出了 8ft 宽的大水槽中用到的河床质的粒径分布（图 5-1）和 2ft 宽小水槽中用到的河床质的粒径分布（图 5-2）。除作特别规定外，粒径分布均以沉降粒径表示（Colby 和 Christenson，1964）。Simons 的这一分布曲线是建立在试验研究期间和试验研究之后对随机抽取的大量砂样进行粒度分析的基础之上的。

Simons 和 Richardson 自 1956—1965 年完成了一系列的实验，每次试验的一般步骤是：就一给定的水—泥沙混合物流量进行循环，直到建立起平衡流动条件为止。Simons

把平衡流动定义成这样的一种流动，即除进出口效应波及的范围不计外，在整个水槽上流动所确立的床面形态和底坡与流体流动和河床质特征相一致，也就是说，水流的时均水面坡度为一常数，并与时均河床底坡平行，而且河床质流量的浓度为一常数。Simons等特别强调，不应把平衡流动与恒定均匀流动的概念混淆起来，因为对于水砂平衡流动，流速在同一空间点及从这一空间点到另一空间点都是可以变化的。换句话说，除平坦底形外，在冲积河道中并不存在经典定义的恒定均匀流（ $\frac{\partial v}{\partial t}=0, \frac{\partial v}{\partial x}=0$ ）的情况。

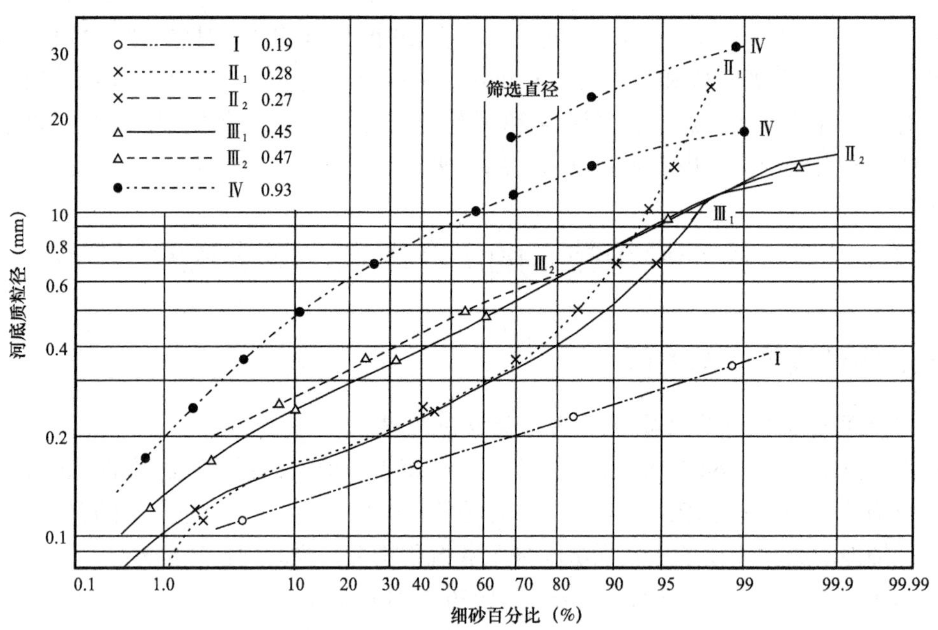

图 5-1 8ft 宽水槽用砂的粒径分布曲线（据 Simons 等，1961）

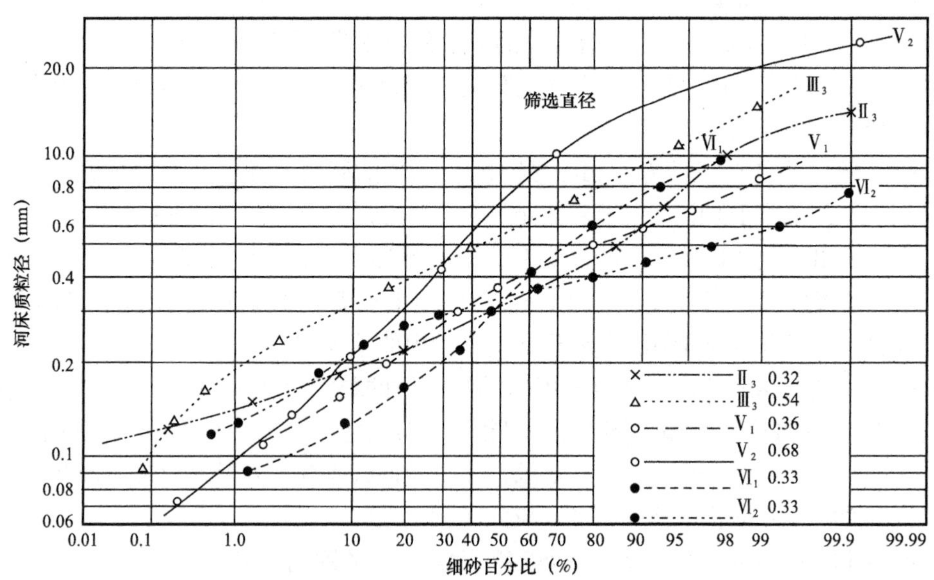

图 5-2 2ft 宽水槽用砂的粒径分布曲线（据 Simons 等，1961）

在建立起水砂平衡流动之后，Simons 等确定出水面坡度 S、水—泥沙混合物的流量 Q、水温 T、水深 D、垂向流速分布 V_y、总泥沙浓度 G、悬移质浓度 C_s、河床形态的几何特征（如长度 L、高度 h 和形状）等。此外，他还要用静物摄影机摄下各组试验的河床和水面的照片。

通过实验的详细观察，Simons 认为：冲积河道中的水流可以分成下部流动状态和上部流动状态，在这两个流态之间存在一个过渡状态（表 5–1）。这一分类是建立在床面形态的形式、沉积物搬运方式、能量耗散过程和水面与床面相位关系的基础上的。

表 5–1　流动状态的分类（据 Simons 等，1961）

流动状态	底形	河床质浓度（mg/L）	沉积物搬运方式	糙度类型	床面与水面的相位关系
下部流动状态	沙纹 沙丘上的沙纹 沙丘	10～200 100～1200 200～2000	间断	形态糙度为主	不同相
过渡状态	冲蚀沙丘	1000～3000		可变的	
上部流动状态	动平床 逆行沙丘 急滩与深潭	2000～6000 2000 以上 2000 以上	连续	颗粒糙度为主	同相

下部流动状态：在下部流动状态下，流动的阻力大，而沉积物的搬运量相对来说比较小。底形不是砂纹就是沙丘或者是沙纹和沙丘的某种组合形式。这些砂纹、沙丘皆呈现形状不规则的三角形体，水面波动与床面起伏不同相位。在每个砂纹和沙丘顶部的下游处有一个相当大的分离区，这一实验观察结果至今仍是指导我们开展冲积砂体物理模拟的基础。通过详细的观察记录，Simons 注意到河床质搬运最常见的方式是以单个泥沙颗粒沿砂纹或沙丘的背流面向上运动和背流面向下崩塌的形式出现的。当沉积物颗粒在背流面上抵达砂纹或沙丘的顶部之后，它们仍滞留在顶部，直到暴露滞留于沙丘的向下运动的作用为止。因此，泥沙颗粒就重复这种在沙丘背面向上运动、崩塌和驻止的循环。这样一来，大多数河床质颗粒的运动是分阶段的，即只要是砂纹和沙丘，颗粒运动的每个阶段的时间的长短取决于水流速度和砂纹或沙丘的高度。

Simons 等认为，砂纹或沙丘向下游运动的速度与它们的高度和泥沙颗粒在其背流面上向上运动的速度有关，砂纹这种床面形态是下部流动状态中最常见的一种底形。但是，在天然水流和河流中，叠有砂纹的沙丘则是下部流动状况的主要底形。

上部流动状态：在上部流动状态中，流动阻力小而沉积物的搬运量大。最常见的底形为动平床或逆行沙丘。除发生水面波破碎的逆行沙丘外，此时的水面波与床面起伏同相位，而且在流体与边界之间通常没有分离现象。在发生破碎现象之前，逆行沙丘顶部的下游处存在一个小的分离区。流动阻力是由于泥沙颗粒移动时的颗粒糙度、波的形成和平息及逆行沙丘破碎时的能量耗散引起的。

过渡状态：从下部流动状态的砂纹向上部流动状态的动平床和驻波过渡的河床形态是不稳定的，在这两个流动状态的过渡区，床面形态的范围可能从典型的下部流动状态的床面形态变化到典型的上部流动状态的床面形态。Simons 观察认为，这主要取决于前期条件，若床面形态为沙丘，就可以把水深或底坡增加到与上部流动状态更为协调的数值而不改变底形；相反，若底形为动平床，则可以把水深和底坡减小到与沙丘更为协调的数值而不改变底形。在从下部流动状态向上部流动状态的过渡区里，沙丘变为动平床之前，沙丘通常要减小其波幅而增大波长。

Simons 进一步观察发现，不同类型的交错层理跟循环水槽中平衡流动条件下形成的各种底形有关。所有的流动，甚至是顺直河道中的流动均有向曲流变化的趋势，正是这一趋势使得底形和交错层理的类型变得复杂起来。河床上的大型沙坝进一步增强了河道向曲流河变化的趋势。沙坝是冲积河床上紧靠凸岸一侧出现的一种沉积砂体，沙坝一旦形成就又向河道的另一岸发展。实验过程中，这种沙坝的幅度可能很小，以致在一给定的系统中，特别是宽深比很小的河道中几乎不引人注意。但是，如果通过减小水深或加宽河道来增大宽深比，这种大型沙坝就可能发展到几乎跟河流整个水深相当的程度。河床糙度的常规形态一般是叠加在这些大型沙坝上的。当沙坝上的水深、局部坡度及水流方向随着沉积作用和沙坝的发展变化时，底形将急骤地改变。此外，这一时期 H.N.Fisk 也在实验室内及野外开展了类似的研究工作。可以认为以 Simons 为代表的这一时期的实验及野外观察加深了人们对沉积作用的物理过程和沉积构造的水力学意义的认识和理解，大大推为了沉积学的发展。

2. 以底形研究为主要内容的迅速发展时期

20 世纪 60 年代至 80 年代，随着科学技术的发展，模拟实验的装备及技术日趋完善，实验内容已不仅仅局限在沉积现象的观察与描述方面，而是深入到沉积机理的研究。

Schumm（1968，1971，1972，1977）用水槽实验研究了凹凸不平的底床对流量变化的反应；Kailinske、Cheel 等人从室内到野外研究了各类底形的生长情况；麻省理工学院地球和行星科学系的 Southard 与他的同事 Boguchwal（1973）用一条长 6m，宽 17cm，深 30cm 的倾斜水槽进行了从波纹到下部平坦床砂的实验研究；1981 年，Southaud 与加拿大学者 Costello 合作，在一条长 11.5m，宽 0.92m 的水槽中用分选很好的粗砂研究下部流态底形的几何、迁移和水力学特征；1982 年，Southard 与新泽西州立大学地质科学系的 Ashley 合作，用水槽模拟爬升波纹层理的沉积特征，应用水深和平均速度来表征在松散泥沙河床的明渠均匀流中的床面形态，如果以无因次水深、速度和粒径（或者以这三个变量本身）为坐标，便可得到一种三维空间曲面图形，图中各点可能的床面形态具有一一对应的特点。

这一时期有三个学者值得提及，他们是 Southand、Allen 和 Best，由于他们的出色工作，使沉积学科有了稳固的基础，也是沉积模拟研究焕发了新的生命力。Southand 的工作系统总结了前人的研究成果，提出了一系列独到见解，绘制了许多有关速度—粒径—水深等图形，进一步从本质上揭示了三者之间及三者与底形的关系。Southand 根据美国地质调查局水槽实验数据绘制的从细砂到特粗砂五种粒径的水深—速度剖面图表明，随着平均速度的增加，砂粒较细时邻接而不交叠的区域为沙纹、沙丘、过渡形态和平坦底床，而砂粒较粗时相应的区域则为下平坦底床、沙丘、过渡形态和上平坦底床；区域的边界几乎与水深轴线平行或稍微倾斜。其中每个区域在水深较小或速度较高时均被驻波或逆行沙丘区截断。Southand 所开展研究工作的意义在于第一次阐明了底形不仅与流速有关，同样也与泥砂粒径相关。

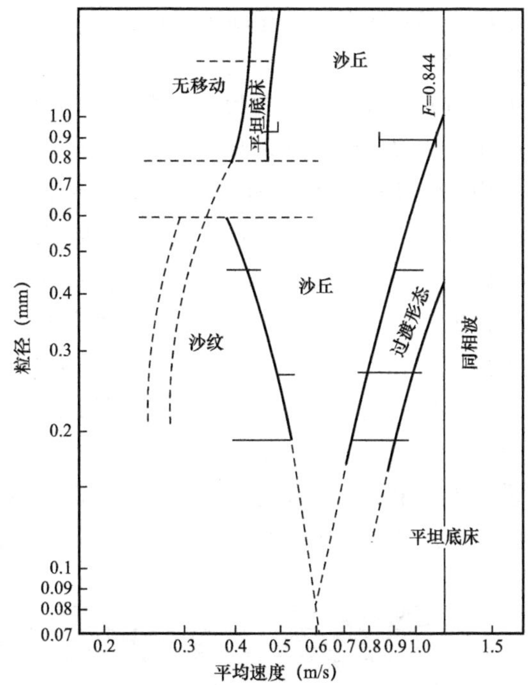

图 5-3　水深为 0.2m 的粒径—速度图（据 Southard，1973）

水深为 0.2m 的粒径—速度剖面图（图 5-3）更清楚地表明各床面形态区域随泥砂粒径变化的关系。几条试验数据的连线表明，在细砂和中砂范围内，处于沙纹和平坦底床区之间的沙丘区，当泥砂粒径减小到约 0.08mm 时便随之尖灭；泥砂粒径更小时，沙纹就直接变成平坦底形。但是较细砂粒的沙纹区和较粗砂粒的平坦底形区之间的关系仍不清楚。

如果流体和泥沙的密度发生变化，则对于泥沙与流体的密度比，就有不同的水深—速度—粒径图。砂粒在水中和地球表面的空气中密度比差别很大，这可以通过中间密度比的试验来加以衔接。

图 5-3 表明，至少对于一些较浅水深，床面形态的序列在不同水深情况下随着平均流速的增加差别很大，因此不能只用速度来表示。在给定泥砂粒径情况下，为要确定这种类型的床面形态，就必须同时指定水深和速度，所以对于确定与已知泥砂粒径和床面形态对应的流动条件的反问题，任何成功的方法都必须考虑水深和速度。这样做在物理上是合理的，因为对于任何流动中的给定边界形状，流动结构的各个方面（包括流动分离形式、紊流结构、边界切应力分布及输砂率沿程分布）是由某一雷诺数 $\rho vL/\mu$ 确定的，其中 v 为特征流速，而 L 为系统规模大小的量度（在 Southard 所考虑的明渠均匀流中，v 和 L 最符合逻辑的取值是平均速度和水深）。

Allen 的创造性工作在于通过流体力学和松散边界水力学的研究成果所体现出来的物理学方法对沉积学的进展起着重要的作用。紊流逐渐被人们认为是一种涉及有序的流动结构，而且这一点对几种沉积构造的成因和悬移质的搬运意义非常重大。沉积物搬运理论的最新进展均源于将沉积物载荷视为向下的作用力和把流动看成是搬运的机制。室内实验正在逐渐增加人们对河流、波浪形成的底形的了解。Galloway 和 Dalrymple 已经提出了对潮汐底形的物理解释，通过对现代环境和地层记录两个方面的野外研究认为，潮汐类型和强度可从砂波形成的交错层理的内部结构去认识。但是，潮汐类型是复杂的，并且需要探索的情况要比现已了解的情况广得多。数学模拟能有助于确定预见的层理形态，尽管已成功

地建立起弯曲河道中流动和沉积的数学模型，但是人们对真实弯道中的二次流动和这些弯道的发展都未得到很好的了解。对地质学意义上大范围的浊流还没有进行过直接的观测，但是对其特征和过程有价值的深入理解则是来自室内实验。Allen 的实验研究指出了无交换实验的限制因素并强调了浊流与环境介质混合的各种方式。这些研究成果看来对认识浊流内部特征和某些特有的标志是有意义的，但似乎难以理解。

同时，Allen 也是最早注意到弯曲河段的水流特征的学者。他指出流经宽深比适中的室内定床弯曲河道中的水流质点沿一简单的螺旋线轨迹，紧靠自由水面下漂向弯道的外侧，进而向下向内靠床底流动。这种类型的二次流是由于作用在每一个流体单元上的向外的离心力和向内的压力之间存在着与黏性有关的不平衡引起的，并受床底剪切应力指向内侧的分量控制，携带流动中的泥沙沉积在弯道的内侧。结论与 Visher 等（1969），Bluck（1971），Moss（1972），Leeder（1975），刘忠保等（1994）所做的实验结果相吻合。当河道边界由定床改变成动床时，每一弯道河岸外侧的冲刷与河岸内侧的淤积相协调。在某种情况下达到弯道极限幅度，此后河道发生迁移（图 5-4）。

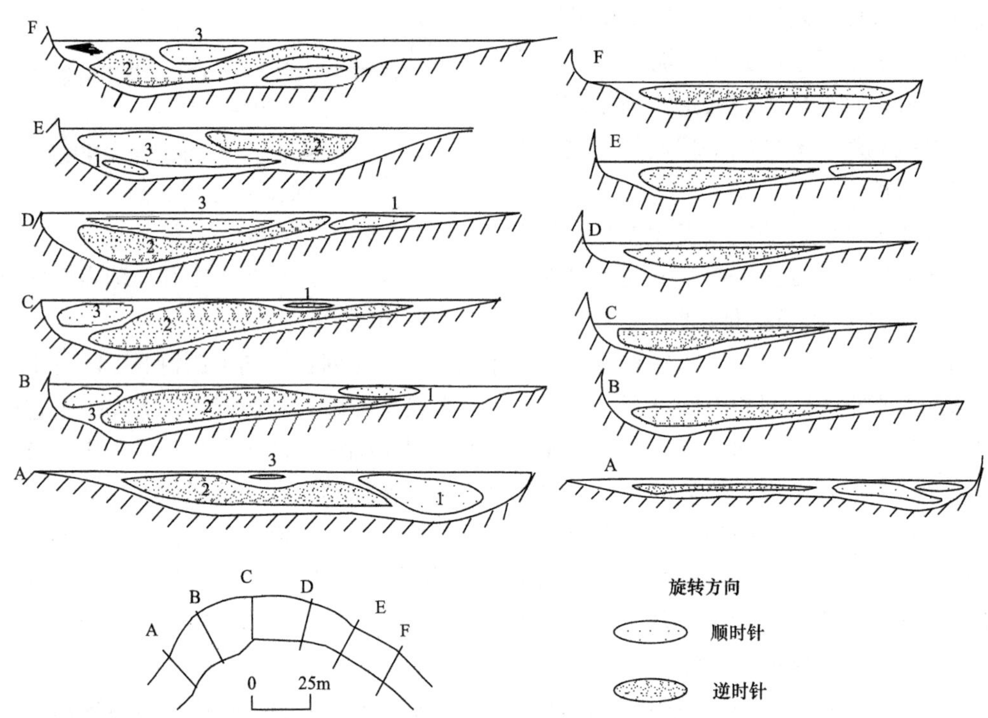

图 5-4　英国苏格兰南 ESK 河单弯河段中次生流的旋转方向（据 Allen，1979）

大量的地貌和历史证据表明，典型的河流弯道是同时向下游和侧向移动的，但是地质学家还远未弄清河弯是如何以这种方式发展的。但有一个机理可能涉及河道平面形状和由这一平面形状决定的次生流冲蚀能力的空间变化之间的空间滞后（Allen，1979，1982）。在一个更带有局部性质的尺度上，Dolan 等（1978）主张用同样的相互作用（但这里的相互作用不涉及滞后问题）来解释设想的弯道的极限形状。Bridge 等（1985）和 Collinson

等（1983）的理论把弯道看成是一种失稳现象，并认为次生流对滞后现象没有有效的联系。类似特征波长的两种失稳机理得到了验证：一个与边滩沉积有关；另一个与外侧河岸冲刷有关。这一理论与观测结果相当一致，且这一理论特别具有吸引力的地方是再现了从天然河道形态观测得到的某些非线性效应。但是，Allen 没有指出在固定河岸时限制河曲幅度的因素是什么。

20 世纪 70 年代之后的模拟实验已不局限于单向流水动力条件的模拟和沉积构造的解释，Schumn 和 Khan（1972），Smith（1980，1983）和 Rust 等（1981）也已开始调查交织河特征并准备开展室内模拟进行了河道类型的实验研究；Mos1ey（1976）进行了河道交汇处的实验研究；加拿大阿尔伯达大学地理系的 Scott（1986）用一条长 9m，宽 1.3m 的水槽模拟了辫状河叶状沙坝的形成。这里侧重介绍一下英国赫尔大学地质系 Best（1987）所做的工作。

Best 将实验模拟和野外证据分析相结合，研究了河道交汇处的流体动力学及其对沉积物搬运和底床形态的控制。他所用的两条交汇水槽宽度和深度几乎相同，宽 0.15m，深 0.20m，交汇角可调为 15º、45º、70º、90º 和 105º。采用的水流为均质流，选用分选好的砂子，粒径为 0.49mm。在模拟活动的底床条件时，平衡状态达到以前水槽实验中广泛采用的四条标准：沉积物供入量等于流出量、水面和底床表面的斜度不变、流水深度在任何位置总是相同、底床形态达到一种稳定状态。通过研究，他认为河道交汇处流体动力学的特征可分为五个主要的区带：滞流区、偏离区、最大流速区、恢复区和明显剪力层。并指出控制这些区域大小的主要因素是交汇角和交汇河道之间的流量比。通过综合利用实验室模拟和野外分析结果，Best 发现由这种流体动力学产生的交汇区底床形态是：在每条交汇河道口有一些滑塌面，中心为深的冲蚀区，分离区内形成一个沙坝。Best 的工作为河道交汇处的沉积物搬运、底床形态和沉积相等提出了较全面的解释。

本阶段后期，模拟实验的内容已十分广泛，如浊流模拟实验、风洞模拟实验、风暴模拟实验等。这些模拟实验不仅促进了沉积学理论的发展，而且对油气勘探开发具有重要的意义。例如，美国地质调查局自 20 世纪 70 年代开始用风洞实验研究风成沙丘的特征，并深入研究砂层的渗滤特征，从而为研究采收率服务。风洞实验也经历了漫长的历程；20 世纪 40—60 年代，风洞实验主要用于研究砂和土壤的搬运机理，学者有 Bagno1d（1914）、Chepi1 和 Woodruff 等（1963），20 世纪 70—80 年代，风洞实验已用于风成沉积构造和形成机理的研究。Mckee 等（1971）用风洞实验研究了风成沙丘背风面由滑塌作用形成的各种变形构造，Seppala 和 Linde（1978）报道了在各种风速下风成波痕形成的实验结果。Fryberger 和 Schenk（1981）的风洞实验有了进一步发展，这个风洞由一个槽和盆组成，槽长 4.27m，宽 61cm，高 45.7cm，盆长 4.27m，宽 61cm，高 1.83m。这项实验着重研究波痕、滑塌和颗粒降落形成的沉积特征，并描述它们的形成条件。20 世纪 60 年代之后，浊流模拟实验也越来越受到重视，从事这方面工作的有 Middleton（1966，1967）、Riddell（1969）和 Laval 等（1988）。20 世纪 70 年代的模拟实验虽有所深入，但还未能利用数学模型来预测沙丘规模（包括长度和厚度）的变化。虽然 Selley（1979，1981）和 Allen（1976），曾提出过充满希望的方法，但未能在控制条件下，用这些方法详细而准确地预测底形变化。

这一时期从事实验研究的学者还有 Stein（1965），Rees（1966），Williams（1967），Garnett 等（1967）和 Rathbun 等（1969）。

3. 以砂体形成过程和演化规律为主要研究内容的湖盆砂体模拟阶段

20 世纪 80—90 年代，沉积模拟研究进入以砂体形成过程和演化规律为主要研究内容的湖盆砂体模拟阶段。该阶段不仅注重解决理论问题，更注重解决实际问题，与油气勘探开发结合起来。

如果仔细研究一下 20 世纪 80 年代之前的实验内容及国外文献，不难发现，在此之前沉积模拟实验存在的问题主要有三个方面：（1）实验条件，以前的水槽实验多采用分选好的砂，忽视粉砂和砾的沉积作用；另外，实验过程多采用均质流，忽视非均质流；且多在稳定状态平衡条件下进行，忽视非稳定状态的影响，而这些被忽视的因素正是自然环境下普遍存在的底床形成条件。（2）实验内容，以前的水槽实验主要模拟河流及浊流的搬运与沉积作用，对盆地沉积体系和砂体展布的模拟实验及对砂体规模和延伸的定量预测则不够或者说基本没开展此方面的研究。（3）实验目的，以前的水槽实验主要着眼于沉积学基础理论的研究，对实际应用考虑不多，其原因就在于从事这方面的实验有许多实际困难。比如做砾级沉积物的实验需要更宽、更深、流量更大的水槽；做粉砂级实验需要更严格的化学和物理条件；做大型盆地沉积体系的模拟实验耗资大，需要更高级的技术装备和控制系统等。

20 世纪 80 年代之后，针对上述方面存在的严重不足，各国实验沉积学家调整研究思路，克服重重困难，在尽量保持原有特色的基础上，对原有的实验室结构进行较大规模的改造或重新建立适合于砂体模拟的大型实验室，值得提及的有下列三个。

（1）科罗拉多州立大学工程研究中心的大型流水地貌实验装置。该实验装置主要模拟河流沉积作用，同时可模拟天然降雨对河流地貌的影响，以及在不同边界条件下河床变形规律、单砂体的形成机制等。美国许多沉积学家在该装置上完成了一系列实验，中国访问学者赖志云教授也在此完成了鸟足状三角洲形成及演变的模拟实验。

（2）瑞士联邦工业学院 Delft 模拟实验室。该实验室隶属于荷兰河流和导航分局，是一个较现代化的实验室。为了从事应用基础研究，该室专门建成了一个大型水槽，水槽用加固混凝土建造，观察段由带玻璃窗的钢架构成。水槽总长 98m，宽 2.5m，带玻璃窗段长 50m，测量段长 30m，测量段宽为 0.3m 和 1.5m，没有沉积物时最大水深为 1m。水槽周围安装了各种控制和测量装置，微机和微信息处理机能自动取得数据和自动改变各种边界条件（如流量）等。在玻璃窗段的上方架设轨道，供仪器车运行。

仪器车上安装了三个剖面显示器和一个水位仪，这样可以测量三条纵向底床水平剖面，通常一条位于水槽中间，另两条位于距槽壁 1/6 槽宽处。记录的资料由微机收集、储存和计算，最后输出成果。1986 年该室的项目工程师 Wijbenga 和项目顾问 Klaasen 用这个装置研究了在不稳定流条件下底形规模的变化，资料处理以后，针对每个过渡带，自动绘出水深与时间、沙丘高度与时间、沙丘长度与时间的关系曲线，从而确定底形规模的变化规律。欧洲学者在此完成了小型冲积扇和扇三角洲形成过程的模拟实验，取得了一些定性和半定量的成果。

（3）日本筑波大学模拟实验室。该实验室长343m，宽数米（具体数字不详），自动化程度较高，监测设备相对齐全，分析手段比较先进，相继完成了海浪对沉积物搬运和改造、饱和输砂及非饱和输砂的河流沉积体系、湖泊沉积与水动力学等一系列实验。有一批世界各地的客座研究人员，定期发布研究成果。

由此看来，20世纪90年代至今，物理模拟有两个特点：一是逐渐由定性型描述向半定量或定量型研究转变，二是由小型水槽实验转向大型盆地沉积体系模拟。

二、中国沉积物理模拟研究现状

1995年之前，中国的水槽实验室主要集中于水利、水电和地理部门的有关院校和研究单位，从事泥沙运动规律、河道演变和大型水利水电枢纽工程等实验研究。20世纪70年代末，长春地质学院建成了第一个用于沉积学研究的小型玻璃水槽，这个水槽长6m，高80cm，宽25cm，主要研究底形的形成与发展。20世纪80年代，中国科学院地质研究所也用自己的小型水槽做了一部分研究工作。这是中国曾经仅有的两个以沉积学研究为主而建立的实验室，虽然在研究内容、深度和广度上与国际水平相比还有一定差距，但为中国沉积模拟实验的发展迈开了第一步。

随着沉积学理论的发展和科学技术必须转化为生产力的需要，中国的油气勘探开发形势对定量沉积学、储层沉积学和沉积模拟实验提出了一些急待解决的实际问题。多年来，在中国东部陆相断陷湖盆的研究中，一直存在一些争论不休的问题，如湖盆陡坡沉积体系、扇三角洲、水下扇的形成条件和分布规律及裂谷湖盆与坳陷湖盆沉积体系的区别等，都期待着沉积模拟实验予以验证；不同类型的单砂层的形态、规模和延伸方向等也需要沉积模拟实验予以定量解决。因此，1990年之后，许多沉积学家积极呼吁，根据当前世界沉积学发展的动向及中国油气勘探开发的生产实际和今后发展的需要，应建立起中国的沉积模拟实验室。专家认为该实验室应以模拟陆相盆地沉积砂体为主要研究对象；以储层研究为重点解决实际生产中的问题；以陆相湖盆中砂体的分布、各类砂体规模和性能的定量预测，提高勘探成功率和开发效益为主要目标。此外，实验室的建立还应兼顾沉积学的各项基础研究，为人才培养、对外交流等提供条件，推动中国沉积学理论的进展，并逐步发展成为面向全国的沉积模拟实验室。这一实验室的建立也是理论研究转化为生产力的重要手段，与世界范围内油气勘探开发中以储层为主攻目标的动向相一致，于是CNPC沉积模拟重点实验室便应运而生。

三、物理模拟技术的发展趋势

20世纪90年代之后，物理模拟研究出现了一些新的发展动态和趋势，这些发展趋势可概括为以下五个方面。

1. 物理模拟与数值模拟的紧密结合

沉积模拟研究经过了一个世纪的发展历程，取得了一批优秀的学术成果。然而这些成果主要集中在物理模拟研究方面，随着计算机在地学领域内的普遍应用，碎屑砂体沉积过程的数值模拟研究正逐渐发展成为沉积模拟技术的一个重要分支，并且日益与物理模拟相互渗透，二者相辅相成、相互依赖、相互促进。现在看来，碎屑沉积过程的物理模拟与数值模拟的多层面结合是沉积模拟技术的一个重要发展方向。通过物理模拟与数值模拟的结合，使数值模拟研究摆脱人为因素的干扰，物理模拟过程可为计算机数值模拟提供定量的参数，使数值模拟有可靠的物理基础，更接近于油田生产实际，从而更有效地指导油气勘探开发。

数值模拟之所以逐渐发展成为沉积模拟技术的一个重要分支，是因为碎屑砂体形成过程的数值模拟与物理模拟相比，数值模拟具有一些突出的优点，具体表现在：

（1）数值模拟的所有条件都以数值给出，不受比尺和实验条件的限制，可以严格控制并随时改变边界条件及其他条件；

（2）数值模拟具有通用性，只要研制出适合的应用软件，就可以应用于不同的实际问题，因而数值模拟具有高效的特点；

（3）数值模拟还具有理想的抗干扰性能，重复模拟可以得到完全相同的结果，这是物理模拟难以达到的；

（4）随着计算机的迅速升级换代，功能不断加强，成本不断降低，相对来说费用比较便宜。

数值模拟的实现须先为其建立整套的控制方程和封闭条件及有效的计算方法，如果数学模型不能正确反映实际问题，就不能指望数值模拟能够给出合理的结果。目前，沉积模拟研究的许多方面还得依靠经验，这些经验对数学模型的封闭也是不可少的，如果应用不当，就会脱离实际。因此，数值模拟是有局限的，要提高其效能尚有待于理论的提高和实践经验的发展。

描述碎屑沉积过程的数学模型，对于不同压缩流体的运动过程来说，目前应用较多的是 Navier—Stokes 方程：

$$\frac{\partial(Uh)}{\partial x}+\frac{\partial(Wh)}{\partial z}+\frac{\partial Y}{\partial t}=0 \tag{5-1}$$

$$\frac{\partial U}{\partial t}+U\frac{\partial U}{\partial x}+W\frac{\partial U}{\partial z}+g\frac{\partial Y}{\partial X}+g\frac{U\sqrt{U^2+W^2}}{C^2h}=v_t\left(\frac{\partial^2 U}{\partial x^2}+\frac{\partial^2 U}{\partial Z^2}\right) \tag{5-2}$$

$$\frac{\partial W}{\partial t}+U\frac{\partial W}{\partial x}+W\frac{\partial W}{\partial z}+g\frac{\partial Y}{\partial z}+g\frac{W\sqrt{U^2+W^2}}{C^2h}=v_t\left(\frac{\partial^2 W}{\partial x^2}+\frac{\partial^2 W}{\partial Z^2}\right) \tag{5-3}$$

对于上述 N—S 方程，给予合适的边界条件就可用来描述碎屑搬运沉积过程，但是由于 N—S 方程是一个偏微分方程，以及所研究的砂体形成过程的非均匀性、砂体形态的不规则性、水流的非恒定性、所涉及时间的长期性及方程本身的非线性，要用分析方法求方程的解是不可能的。因此，在通常情况下都采用数值方法，用有限个离散的网格节点来逼近连续区域中的无限个点，用这些节点上离散的近似值来逼近精确解。在该过程中中国石油沉积模拟重点研究室试图采用有限元、有限差分方法来解决问题。

有限差分方法是把连续变量，如水深、流量、流速、含砂量、输砂率等离散化来求微分方程近似解的方法。在有限差分方法中，因变量的值是定义在有限个不同的空间点上（如 N 个点）的有限集合，这些空间点通常是一些规则网格的节点，待求的连续函数只要求在网格点上知道。当初始时刻 $t=0$ 时，给出网格点上连续变量的离散值，差分方法便被用来预报任意时刻 t 时这些节点上因变量的未来值。

有限差分方法能否有效地研究砂体的形成过程，关键是选好差分格式，将原来的偏微分方程变为节点上的差分方程。

差分格式按方法可以分为两大类：即欧拉（Euler）法和拉格朗日（Lagrange）法。欧拉方法采用的网格固定在不动的空间上，计算起来比较简单，效率比较高。但是因为网格固定，便难以适应砂体的变化，特别是在强间断、大梯度附近非线性的对流项常常会带来很多麻烦。拉格朗日差分格式所用的网格节点则是随着流体一起运动，即网格点是处在一族特征线（迹线）上，这样比较容易保持物理上的守恒性及其他性质。在这样的运动系统里，非线性的对流项经过变换亦不出现，这就可以避免欧拉格式所出现的那些问题。但是，随着模拟时间的增加，拉格朗日格式的网格形状将不断歪扭，甚至重叠。总的来说，拉格朗日格式的计算工作量要比欧拉格式大得多，这就限制了拉格朗日格式的应用。

对差分格式的另一重要分类是显格式和隐格式。显格式是指任一节点上因变量在新的时间层（比如第 $n+1$ 层）的值可以通过早先的时间层（第 n 层、$n-1$ 层等）上相邻节点变量值的显式解出来。由于这些层的变量值是已知的，那么当时间向前推进时，空间点上新的变量值就只需逐点计算就行了，因此显格式计算起来比较省事。隐格式则是指任一节点上变量在新的时间层的值，不能通过早先的时间层上相邻节点变量值的显式解出来，它不仅与早先的时间层上的已知值有关，而且也与新时间层的相邻节点值有关。因而一个差分方程常常包含几个相邻节点上的未知数（它们的个数取决于格式的构成形式），为了解出这些未知数需要联立新的方程，而每引进一个新的方程往往又同时引进了新的未知数，因此隐格式总是伴随着求解巨大的代数方程组。隐格式的最大优点是时间步长可以比显格式能够采用的最大步长大得多，显格式的时间步长受到稳定性条件的限制，而隐格式则几乎不受限制，最大时间步长主要是由问题的精度要求来决定的，与物理量的变化快慢有关。沉积模拟一般采用较大的时间步长，因此隐格式一般采用的较多。

有限元方法通常把被研究的区域剖分为有限个子区域，每一个子区域叫作一个单元或元素，这些元素的几何特征尺度具有有限大小。有限元的优点是子区域剖分的任意性（以平面二维模拟为例，单元形状可以是任意的三角形、四边形、曲边三角形或四边形等），可以灵活适应边界形状，并且可以按照研究的需要采用加密或稀疏的单元网格。

通过探索认为有限元方法并不一定给出比差分方法更好的结果，它的主要优点在于能够灵活适应不规则的边界形状和边界条件。

2. 提供勘探早期储层预测的新方法

在一个盆地或区块勘探早期，一般钻井较少，仅有几口评价井，但是往往有对比较详细的地震资料。通过地震资料的解释，可以明确盆地或区块的边界类型、条件及沉积体系的类型，结合钻井资料，可以建立概化的地质模型，并抽取主要控制因素建立物理模型，然后在物理模型指导下开展物理模拟实验。由物理模拟提供的参数可以开展数值模拟研究，从而能够较准确地预测盆地沉积体系的展布规律，以及优质储层的分布，为勘探目标选择提供依据，这是沉积模拟研究为油气勘探开发服务的一个重要方面，正逐渐成为沉积模拟技术发展的一个显著趋势。2001年1月至2月，利用该研究思路，对山西大同中侏罗统云岗组石窟段辫状河储层进行了预测，其符合率达到71.6%。

3. 提供开发后期砂体非均质性描述的新技术

油田开发后期一般静动态资料较多，可以利用较丰富的油田开发生产资料，建立精细的地质模型，分砂层组成单砂层开展模拟实验，并把实验结果与已有的静动态资料进行对比，如果在井点上实验结果与静动态资料所反映的砂体特征吻合程度较高，就可以认为实验结果是可靠的。对于井点之间原型砂体的特征可由实验砂体（模型砂体）对应井点之间的特征来描述，从而定量预测井间储层分布和非均质特征及剩余油的分布规律，这是沉积模拟技术发展的另一个重要动向。在濮阳凹陷胡状集构造胡5断块沙河街组三段的研究中探索了该项技术的实用价值，非均质分布特征预测的符合率为69%，并通过调整井得到了证实。

4. 与储层建筑结构要素分析方法的结合

储层建筑结构要素分析方法的实质是储层是分层次的，层次性是储层形成过程的一个重要特征，也是地质现象的普遍规律。每个层次都具有两个要素，即层次界面和层次实体。沉积模拟实验的主要优势就是可以按形成过程的时间单元详细地描述这些界面的形态、起伏、连续性、分布范围、厚度变化及它们所代表的级别，并与现代沉积和露头调查成果相互印证，建立储层预测的地质知识库和储层参数模型，提出砂体形成和分布的控制因素及演变的地质规律，这是其他研究方法不具备的。近两年国内外的部分文献都在努力探索二者结合的可能性，并取得了一些创新性成果，形成沉积模拟技术发展的一个新动向。

5. 与流动单元划分及高分辨率层序地层研究相结合

油气田开发后期，研究剩余油分布规律的一个重要手段就是对流动单元进行重新划分和识别。在该过程中，高分辨率层序的研究是一个基础，近年来沉积模拟技术也在该项研究中充当相当重要的角色。因为高分辨率层序地层研究的关键就是对等时界面进行精细划分，而沉积模拟技术正好具备这一优势，无论是砂体形成过程的物理模拟实验或是数值模拟研究都可以提供砂体形成过程中任一阶段的时间界面及该时间段内的储层分布和内部结构特征，同时可以指出下一时间段内储层的演化趋势及生长变化特征。所以说沉积模拟技术与高分辨率层序地层研究相结合，必将在细分流动单元和剩余油预测方面显示出强大的生命力。国内外不少学者在以不同方式开展此方面的工作，有理由相信，在未来几年内该方法会发展成为剩余油分布预测的一项实用技术。

综上所述，进入21世纪后，沉积模拟研究除了保持其原有的沉积学理论研究的优势之外，主要的发展趋势是与计算机及其他地质研究方法相结合，在预测储层生长变化及演化趋势方面形成综合性的实用技术。

第二节　实验流程及实验装置

一、实验流程

在广泛开展现代沉积调查、古代露头研究的基础上，确定模拟研究区及模拟对象，建立原型模型，在相似理论的约束下，建立比尺模型，设计详细的实验方案，不断改变水流量、加砂量、粒度、湖水位、坡度等参数，得到实验条件下的定性认识和定量关系，达到直接为数值模拟及原型服务的目的。实验流程见图 5–5。

二、实验装置

1. 装置规模

中国石油沉积模拟重点实验室实验装置长 16m，宽 6m，深 0.8m，距地平面高 2.2m，湖盆前部设进（出）水口 1 个，两侧各设进（出）水口 2 个，用于模拟复合沉积体系，尾部设进（出）水口一个（图 5–6），湖盆四周设环形水道。

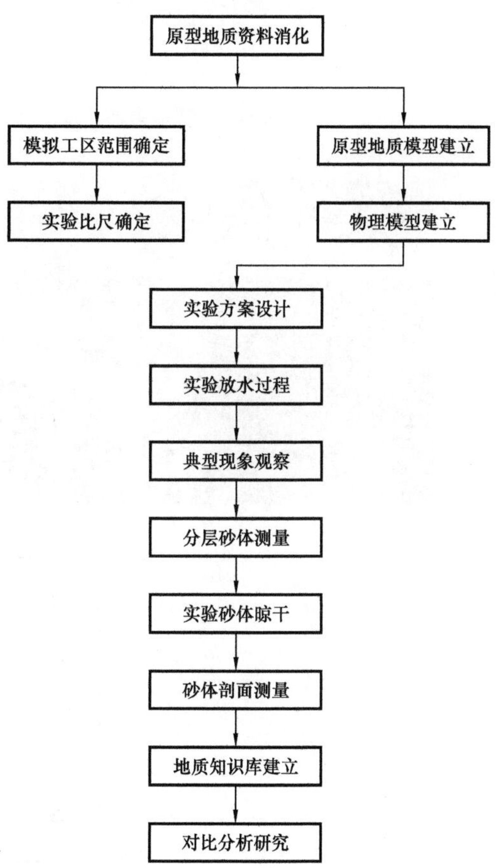

图 5–5　鄂尔多斯盆地陇东地区长 7 段沉积模拟实验流程图

2. 活动底板及控制系统

活动底板系统是实验室的重要组成部分，针对中国东部断陷盆地的实际情况，没有基底的升降，便不能产生断裂体系，构造运动便不能模拟，构造对沉积控制作用的模拟便不能实现，实验室的功能和作用将大大减小，因此，在湖盆区设置活动底板是必要的。

目前，每块活动底板面积为 2.5m × 2.5m= 6.25m^2，由 4 块组成，活动底板能向四周同步倾斜、异步倾斜、同步升降、异步升降。活动区倾斜坡度 35°、上升幅度 10cm、下降幅度 35cm、同步误差小于 2mm。每块底板由 4 根支柱支撑，不漏水、不漏砂，而且运动灵活可靠，基本满足实验要求（图 5–7）。

活动底板的控制是由 16 台步进电机、16 台减速机、四台驱动电源、计算机及电子元器件实现的，由计算机输出脉冲数，控制步进电机转动，并转化为活动底板的升降。步进电机的最大优点是可以精确控制运动状态，升降速度可根据需要调整，从而满足自然界地壳运动特点的要求。

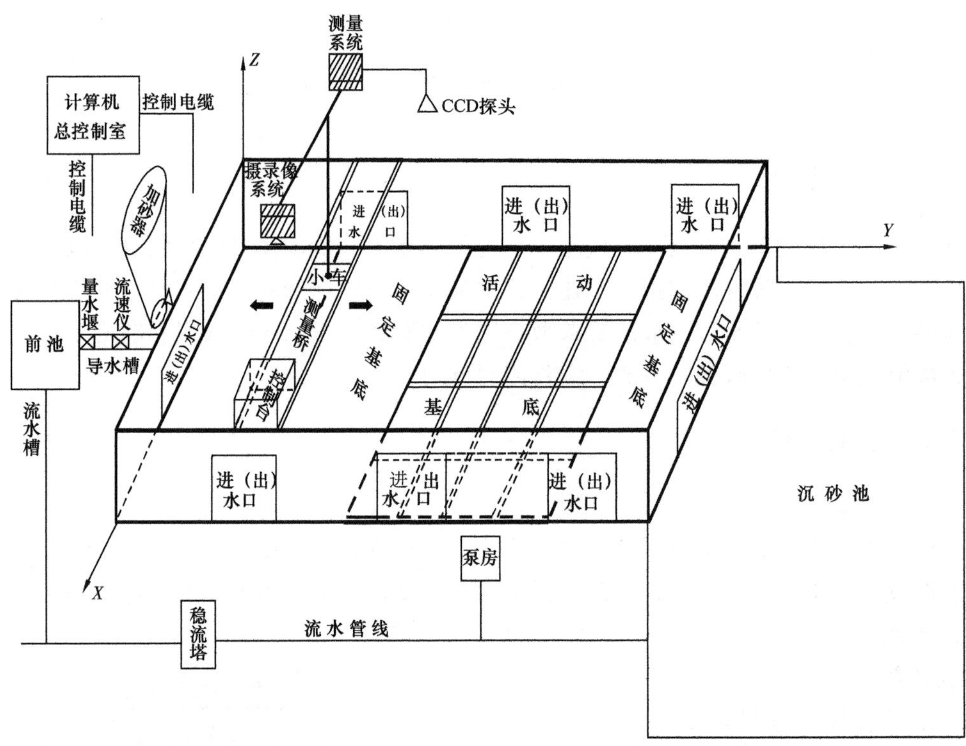

图 5-6　鄂尔多斯盆地陇东地区长 7 段沉积模拟实验装置示意图

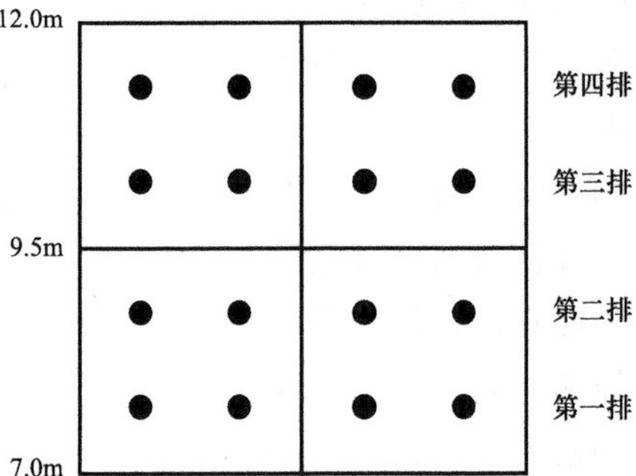

图 5-7　活动基底升降装置及活动底板示意图

第三节 研究步骤与局限性

一、研究步骤

碎屑物理模拟一般都在实验装置内进行。碎屑沉积模拟的方法步骤可概括为：

1. 确定地质模型

所涉及的参数包括盆地的边界条件（大小、坡度、水深、构造运动强度、波浪、基准面的变化等），流速场的条件（流量、流速、含砂量等），入湖或海河流的规模及分布，沉积体系的类型，碎屑体的粒度组成等。

2. 确定物理模型

由于自然界中形成沉积体系的控制因素较多，确定物理模型的关键是抓住主要矛盾，而忽略一些次要因素。好的物理模型应当反映碎屑沉积体系的主要方面。物理模型的主要内容是确定模型与原型的几何比尺与时间比尺、流场与粒级的匹配、活动底板运动特征及模型实验的层次。

3. 建立原型与模型之间对比标准

实验开始前应确定每个层次的实验进行到何种程度为止，是否进入下一个层次的模拟，所以确定合适的相似比是非常重要的。

4. 明确所研究问题的性质

应当明确沉积学基础问题的研究可以假设其他因素是恒定的，重点研究单一因素对沉积结果的影响，但实际问题的解决往往是复杂的。各种因素之间是相互制约的，因此必须综合考虑。一般应从沉积体系的范畴思考问题，而不能仅从某个单砂体进行研究。因为单砂体是沉积体系甚至是盆地的一部分。

5. 确定实验方案

即在物理模型的基础上，进一步细化实验过程，把影响碎屑沉积的主要条件落实到实验过程的每一步，特别应注意实验过程的连续性和可操作性。因为实验开始后一旦受到某些因素的影响而被迫中断，再重新开始时，该沉积过程是不连续的（除非在形成原型的过程中确实存在这种中断），流场的分布将受到较大影响。因此，实验开始前的充分准备是十分必要的。

6. 适时对碎屑搬运沉积过程进行监控

沉积模拟研究是对地质历史中沉积作用的重现，是对过程沉积学进行研究。所以沉积过程的详细记录和精细描述是必需的，只有这样才能深入研究过程与结果的对应性。长江大学沉积模拟实验室采用的是对搬运沉积全过程录像的方法，监控碎屑沉积体系的生长形态及演变规律。

7. 过程与结果的对应研究

实验完成后对沉积结果的研究一般可采用切剖面的方法，对碎屑沉积体任一方向切片建立三维数据库，并与沉积过程相对应，比较原型与模型的相似程度，从而对原型沉积时未知砂体进行预测。目前，已经做到的对比项目有相分布特征、厚度变化、粒度变化、夹层隔层的连通性及连续性、渗流单元的分布等。

二、局限性

1. 尺度的限制

任何物理模拟实验装置由于受到场地及装置大小的限制，不可能无限制地扩大规模。如果原型的几何规模比较大，要想在室内实现模拟，就只有缩小比例，而任何比尺的过度缩小，都将造成实验结果的失真和变形，导致原型与模型之间相似程度的降低。根据目前实验水平，一般 *X*、*Y* 方向的比例尺控制在 1∶1000 之内较合适。*Z* 方向的比例尺控制在 1∶200 之内比较理想。实际工作中，一般使 *X*、*Y* 方向比例尺保持一致，即选用正态模型准确性较高。某些情况下，根据原型的形态特点，*X*、*Y* 方向的比尺允许不一致，即选用变态模型，但二者相差不宜太大，否则容易造成实验结果的扭曲。

2. 水动力条件及气候条件的限制

自然界碎屑沉积体系形成过程中，水动力条件非常复杂，有些条件在实验室内难以实现，如潮汐作用、沿岸流、水温分层、盐度分异及沉积过程中突然的雨雪气候变化等因素，这些都在一定程度上影响了实验过程的准确性。

3. 模型理论的限制

在前述相似理论中，诸多相似条件有时并不能同时得到满足，而某个条件的不满足就可能导致实验结果在一定程度上的失真。例如，要使模型水流与原型水流完全相同，必须同时满足重力相似与阻力相似，但二者相矛盾；又如悬浮颗粒的运动，现有模型中关于沉降速度的相似条件有沉降相似和悬浮相似，显然二者也不可能同时满足。因此，实验方案设计中，抽取主要作用的因素显得十分重要。

第六章　物理模拟理论基础

依据一定的科学准则，对湖盆沉积砂体的形成与演变进行模拟是碎屑岩沉积学发展的重要边缘分支学科，也是研究碎屑沉积体系分布的一条重要途径。沉积模拟研究就是将自然界真实的碎屑沉积体系从空间尺寸及时间尺度上都大大缩小，并抽取控制体系发展的主要因素，建立实验模型与原型之间应满足的对应量的相似关系。这种相似关系建立的基础是一些基本的物理定律，如质量、动量和能量守恒定律等。

第一节　基本原理

物理模拟是对自然界中的物理过程在室内进行模拟，其关键是要解决模型与原型之间相似性的问题，也就是说，实验模型在多大程度上与原型具有可比性是成败的标准。为此物理模拟实验必须遵从一定的理论，这种理论称之为相似理论。模型与原型之间必须遵守的相似理论包括几何相似、运动相似及动力相似。

一、几何相似

几何相似是指原型与模型的几何形状相同，原型和模型各对应部位的尺寸都成同一长度比例，这是相似的必要条件。

规定原型值与模型对应值的比例称为模型比例。设 L_H 为原型某一部位的长度，L_m 为模型对应部位的长度，则长度比尺为：

$$\lambda_L = \frac{L_H}{L_m} \tag{6-1}$$

式中　H——原型；

m——模型。

长度比尺 λ_L 在原型和模型任何相应的部位都相同。因此，它既可以代表长度比尺，也可代表宽度比尺和高度比尺。

有了长度比尺 λ_L 就可以根据它引出面积比尺和体积比尺。因为面积是长度的平方，所以面积比尺为：

$$\lambda_A = \frac{A_H}{A_m} = \lambda_L^2$$

同理，因为体积是长度的三次方，所以体积比尺为：

$$\lambda_W = \frac{V_H}{V_m} = \lambda_L^3$$

长度比尺表征着几何相似，也就是说几何相似是通过长度比尺 λ_L 来表达的。

二、运动相似

运动相似是指原型和模型水流各对应点的流速都成同一比例。设 V_H 为原型水流某一点的流速，V_m 为模型水流对应点的流速，则流速比尺为：

$$\lambda_v = \frac{V_H}{V_m} = \frac{\lambda_L}{\lambda_t} \tag{6-2}$$

式中 λ_t——时间比尺。

有了流速比尺 λ_v，可据此引出加速度比尺为：

$$\lambda_a = \frac{a_H}{a_m} = \frac{\lambda_v}{\lambda_t} = \frac{\lambda_L}{\lambda_t^2} \tag{6-3}$$

另外，还可引出其他与时间有关的物理量的比尺，如角速度比尺、运动黏滞性比尺、流量比尺等。

对照几何相似，可以看出，运动相似多了一个时间比尺 λ_t。也就是说，运动相似是通过长度比尺 λ_L 和时间比尺 λ_t 二者来表达的。

三、动力相似

作用于水流的外力包括各种各样不同性质的力，但主要的外力是重力和黏滞力，此外还有表面张力和弹性力等。动力相似是指作用于原型和模型水流的各种不同性质的力都各自成同一比例。

设作用于原型和模型水流各对应点的重力为 G_H、G_m，黏滞力为 R_H、R_m，则力的比尺为：

$$\lambda_F = \frac{G_H}{G_m} = \frac{R_H}{R_m} \tag{6-4}$$

因为 $G=\rho \cdot g \cdot V$，$R=L \cdot \rho \cdot \gamma \cdot v$，所以：

$$\lambda_f = \frac{\lambda_m \lambda_L}{\lambda_t^2} \tag{6-5}$$

式中 λ_m——质量比尺。

有了质量比尺，就可据此引出其他与质量有关的物理量比尺，如密度比尺、重率比尺、动量比尺、能量比尺、功率比尺等。

对照运动相似可以看出，动力相似多了一个质量比尺 λ_m。也就是说，动力相似是通过长度比尺 λ_L、时间比尺 λ_t 和质量比尺 λ_m 三者来表达的。

四、相似准则

应用上述三个相似条件，可以进一步推导出物理模拟的一系列相似准则，最主要的相似准则包括：

（1）悬浮相似准则：

$$W_{r}=V_{r}\left(\frac{H_{r}}{L_{r}}\right)^{1/2} \tag{6-6}$$

（2）颗粒运动相似准则：

$$\begin{cases}\left(C_{\mathrm{D}}-fc_{\mathrm{L}}\right)_{r}=1\\ \left(\dfrac{\rho_{\mathrm{p}}}{\rho}-1\right)_{r}=1\\ \left(fgD\Big/u_{\mathrm{D}}^{2}\right)_{r}=1\\ \left(\dfrac{V_{D}\cdot D}{\gamma}\right)_{r}=1\end{cases} \tag{6-7}$$

（3）河道变形相似准则：

$$\left(t_{1}\right)_{r}=\frac{\beta_{r}H_{r}L_{r}}{q_{s_{r}}} \tag{6-8}$$

式（6-6）、式（6-7）、式（6-8）中的符号意义：

R——原型与模型中各物理量的比值；

ρ——水流密度；

t——时间；

p——应力；

γ——运动黏滞系数；

H——水深；

q——单位长度内流进或流出的流量；

w——颗粒的沉速；

C——颗粒浓度；

D——颗粒直径；

F——摩擦系数；

V_D——深度为 D 处的流速；

q_s——单宽输砂率；

β——床砂干容重；

$(t_1)_r$——河道变形的时间比尺。

模型与原型的几何相似、运动相似、动力相似三个相似条件及悬浮相似、颗粒运动相似和河道变形相似三个准则就是开展物理模拟研究的基本原理。

第二节 研究方法

沉积模拟研究是沉积学新的一个分支，研究手段和方法很不成熟，目前正在进一步探索和发展之中。由于所涉及模拟原型的性质差别很大，而且要解决的问题和达到的目的各有重点，所以采用的方法也千差万别。根据国外的研究现状，结合沉积模拟重点研究室的工作，本节介绍了砂体形成及演变的沉积模拟过程中所采用的主要研究方法。

一、自然模型法

砂体形成及演变过程极为复杂，目前在理论上对于砂体演变的规律研究尚不完善，一些问题尚不能依靠计算方法直接解决。通常采取综合的研究方法，将现代沉积调查、理论分析计算和室内物理模拟实验结合起来。

砂体演变过程是水流与泥沙之间相互作用的一种过程，在一定的水流泥沙与纵比降条件下，水流（包括模型原始小河中的水流）必然形成特有的几何形态。水流断面尺寸（宽度和深度）与水流泥沙特征和比降之间具有特定的关系，称为河相关系。河相关系说明河道断面形态并不是任意的而是具有特定的约束条件。

自然模型法在实验室内最早应用是对任意塑造的人工小河的演变问题进行研究，并获得了相应的经验，它对于揭示砂体演变问题的宏观本质具有重要意义。

自然模型法的关键问题在于决定模型比尺。一般来讲，自然模型的比尺是以原型的某些特征值（如河宽、水深、流量、含砂量、砂体迁移速度等）与模型相应的特征值对比后求得。而在设计模型时由于缺乏原型的各项特征值，故可以先将模型小河段看作是小的原型。利用现有的水流泥沙运动及河相关系式进行初步计算，近似地求出模型比尺；然后再在模型中实测各项特征值予以修改比尺。

自然模型法中最重要的比尺为几何比尺、水流比尺、输砂比尺及时间比尺四大类，每一类中又有若干亚类（表 6–1）。开展自然模型法物理模拟实验时，上述比尺关系在模型设计时应该充分考虑，因为它决定了模型与原型的相似程度。然而，每种比尺关系的权重是不同的，由表 6–1 可看出，其中最重要的是几何比尺和水流比尺，而几何比尺又是重中之重，实验中应重点考虑。

二、比尺模型法

比尺模型法与自然模型法的区别在于：自然模型法并不按几何比例将入湖河流和原始底形缩制成模型，所选用的实验砂为天然砂。而比尺模型法则严格地按几何比例关系将入湖河流与原始底形缩制成模型，所选用的实验砂可能为更细小粒径的原始天然砂，但更多的则是用模型砂来满足相似要求。

比尺模型按性质可分为定床模型（模型河床为不可冲刷的固定河床，模型水流中也不带泥沙）和动床模型（模型河床可冲、可淤，模型水流中携带泥沙以适应河道的冲淤变化和产生砂体沉积）两类。前者又称为清水模型，没有泥沙运动的参与，只要满足水流条件的相似；后者又称浑水模型，不仅考虑水流相似，同时考虑泥沙运动相似。下面介绍能够描述砂体形成过程实际问题的浑水比尺模型法。

浑水模型考虑了泥沙运动，而泥沙运动可分为推移质搬运和悬移质搬运，因此在实验模型与原型相似性方面，除了满足重力相似与阻力相似之外，还要满足泥沙运动相似和砂体演变相似。

以推移质为主的泥沙搬运在比尺模型实验方法中应满足的比尺关系如表 6–2 所示，以悬移质为主的泥沙搬运在比尺模型实验方法中应满足的比尺关系如表 6–3 所示。

表 6–1　自然模型法比尺公式表

比尺类别	比尺名称	符号	比尺计算公式	公式符号意义及说明
几何比尺	水平比尺	λ_L	$\frac{L_H}{L_m}=\frac{B_H}{B_m}$	L：长度，B：宽度，H：原型，m：模型，下同
	深度比尺	λ_h	$\frac{\sqrt{\lambda_L}}{\lambda\phi}$	$\lambda_\phi=\frac{\phi_H}{\phi_M}$，$\phi_H$、$\phi_m$ 由原型及模型实测材料确定
	比降比尺	λ_J	$\frac{\lambda_h}{\lambda_L}$	不一定严格遵守
水流比尺	流速比尺	λ_v	$\frac{1}{\lambda_n}\lambda_h^{2/3}\lambda_J^{1/2}$	λ_n：原型与模型糙率系数之比
	流量比尺	λ_Q	$\lambda_L\lambda_h\lambda_v$	
			$\frac{1}{\lambda_n}\lambda_L\lambda_h^{5/3}\lambda_J^{1/2}$	当 λ_J 满足时，由 λ_J、λ_v 表达式得到
输砂比尺	含砂量比尺	λ_s	$\frac{\lambda_k\cdot\lambda_v^3}{\lambda_h\cdot\lambda_\omega}$	λ_K：经验系数比值，λ_ω：泥沙沉降速度比值
			$\frac{\lambda_k\cdot\lambda_h\cdot\lambda_J^{3/2}}{\lambda_n^3\cdot\lambda_\omega}$	换算式
	输砂率比尺	λ_q	$\lambda_Q\cdot\lambda_s$	输砂率 q 为流量 Q 与含砂量之积的比尺形式
			$\frac{\lambda_k\cdot\lambda_L\cdot\lambda_v^4}{\lambda_\omega}$	换算式
			$\frac{\lambda_k\cdot\lambda_L\cdot\lambda_h^{8/3}\cdot\lambda_J^2}{\lambda_\omega\cdot\lambda_n^4}$	换算式，λ_n：曼宁糙率系数比值
时间比尺	水流时间比尺	λ_{t_1}	$\frac{\lambda_L}{\lambda_v}$	水流速度 $v=\frac{d_x}{d_t}$ 的比尺形式
			$\frac{\lambda_L\cdot\lambda_v^4}{\lambda_h^{2/3}\cdot\lambda_J^{1/2}}$	换算式

续表

时间比尺	砂体演变过程时间比尺	λ_{t_2}	$\dfrac{\lambda_L^2\cdot\lambda_h\cdot\lambda_{r_s}}{\lambda_Q\cdot\lambda_s}$	λ_{r_s} 模型与原型砂重率比值
			$\dfrac{\lambda_L^2\cdot\lambda_h}{\lambda_Q\cdot\lambda_s}$	当 $\lambda_{r_s}=1$ 时

对比表 6-2 与表 6-3 可以看出，推移质搬运和悬移质搬运所要求的重力相似与阻力相似比尺是完全相同的，而泥沙运动相似和由此而导致的砂体演变相似比尺则不同，这完全由泥沙运动及沉积特点来决定。

表 6-2　推移质比尺关系公式表

类型		相似条件	
		比尺	模型值
重力相似	1	$\lambda_v=\lambda_h^{1/2}$	$v_m=v_H\dfrac{\eta^{1/2}}{\lambda_L^{1/2}}$
	2	$\lambda_Q=\lambda_h^{2/3}$	$Q_m=Q_H\dfrac{\eta^{3/2}}{\lambda_L^{5/2}}$
阻力相似	3	$\lambda_n=\dfrac{1}{\lambda_v}\cdot\lambda_h^{1/2}\cdot\left(\dfrac{\lambda_h}{\lambda_L}\right)^{3/2}$	$n_m=n_H\dfrac{\eta^{2/3}}{\lambda_L^{1/6}}$
泥沙运动相似	4	$\lambda_{v_o}=\lambda_v\quad\lambda_{v_o}=\lambda\left(\dfrac{\lambda_h}{\lambda_d}\right)^y\cdot\lambda^{1/2}_{(\gamma_s-r)/r}\cdot\lambda_d^{1/2}$	$d_m=d_H\cdot\dfrac{\eta}{\lambda_L}\cdot\lambda^{1/(1-2y)}_{(r_s-r)/r}$
	5	$\lambda_{q_s}=\dfrac{\lambda_L^{3/2}}{\eta^{3/2}}\cdot\dfrac{\lambda_{r_s}}{\lambda^{1/(1-2y)}_{(r_s-r)/r}}$	$q_m=q_H\cdot\dfrac{\eta^{3/2}}{\lambda_L^{3/2}}\cdot\dfrac{\lambda^{1/(1-2y)}_{(r_s-r)/r}}{r_s}$
砂体演变相似	6	$\lambda_t=\lambda_L^{1/2}\cdot\eta^{1/2}\cdot\lambda^{1/(1-2y)}_{(r_s-r)/r}\cdot\dfrac{\lambda_r}{\lambda_{r_s}}$	$t_m=t_H\cdot\dfrac{1}{\lambda_L^{1/2}\cdot\eta^{1/2}\cdot\lambda^{1/(1-2y)}_{(r_s-r)/r}}\cdot\dfrac{\lambda_{r_s}}{\lambda_r}$

表 6-3　悬移质比尺关系

类型		相似条件	
		比尺	模型值
重力相似	1	$\lambda_v=\lambda_h^{1/2}$	$v_m=v_H\dfrac{\eta^{1/2}}{\lambda_L^{1/2}}$
	2	$\lambda_Q=\lambda_L\cdot\lambda_h^{2/3}$	$Q_m=Q_H\cdot\dfrac{\eta^{3/2}}{\lambda_L^{5/2}}$
阻力相似	3	$\lambda_n=\dfrac{1}{\lambda_v}\cdot\lambda_h^{3/2}\cdot\left(\dfrac{\lambda_h}{\lambda_L}\right)^{1/2}$	$n_m=n_H\cdot\dfrac{\eta^{2/3}}{\lambda_L^{1/6}}$

续表

类型		相似条件	
		比尺	模型值
砂体演变相似	4	$\lambda_{\omega}=\frac{\lambda_{h}}{\lambda_{L}}\cdot\lambda_{v}$ $\lambda_{\omega}=\frac{\lambda\left(r_{s}-r\right)/r\cdot\lambda_{d}^{2}}{\lambda_{v}}$	$d_{m}=d_{H}\cdot\frac{\eta^{3/4}}{\lambda_{L}^{1/4}}\cdot\lambda_{(r_{s}-r)/r}^{1/2}$
	5	$\lambda_{s}=\frac{\lambda_{r_{s}}}{\lambda_{(r_{s}-r)/r}^{1/(1-2y)}}$	$s_{m}=s_{H}\cdot\frac{\lambda_{(r_{s}-r)/r}}{\lambda_{r_{s}}}$

值得注意的问题是自然界中泥沙绝大多数（占 90% 以上）是以悬浮方式搬运的，极少数以推移方式搬运。因此，在实际实验时，设计模型应重点考虑悬移质比尺关系，以保证其符合或近似符合条件。

第七章　陇东地区长 7 段沉积期重力流砂体沉积模拟

第一节　重力流的成因模式

斜坡高部位堆积的不同类型沉积物，尤其是沉积速率比较高的浊积砂体前缘，在一定触发机制下，如地震、海啸及波浪等，由于重力作用使沉积物沿斜坡运动形成重力流，简称沉积物再搬运重力流。本实验考虑到了斜坡的长度、斜坡的坡度、沉积物的浓度水位的高低及各种触发机制，对沉积物再搬运重力流的控制因素、沉积物再搬运重力流砂体分布和演化特征及其形成和发育的水动力机制进行了总结。

一、形成沉积物再搬运重力流的控制因素

沉积物再搬运重力流的形成及发育主要受到以下几个因素的影响：

1. 斜坡长度

在坡度一定的情况下，斜坡的长度决定了地形的高差，斜坡长高差大，斜坡短高差就小，因此斜坡长度对沉积物再搬运重力流影响的实质是斜坡高差的影响。斜坡高差是影响沉积物再搬运重力流发育的重要条件，只有当高差达到一定数值后，沉积物再搬运才会发生。

2. 斜坡坡度

在同样斜坡长度条件下，坡度增加到一定程度时，无论水位在斜坡带之下还是在斜坡带之上，当存在外力作用时都较易形成沉积物再搬运重力流，且湖水位较高时滑动速度较慢，湖水位低时滑动速度较快。由此可见，斜坡区坡度越大，斜坡越陡，在重力作用下沉积物往湖区滑落得速度越快，越有利于沉积物再搬运重力流的形成及发育；反之，斜坡区坡度越小，斜坡越缓，在重力作用下沉积物往湖区滑落得越慢，不利于沉积物再搬运重力流的形成和发育。

3. 沉积物浓度

沉积物浓度也是影响沉积物再搬运重力流发生的主要因素。浓度较大时，沉积物块体搬运特征比较明显，但沉积物再搬运重力流滑动速度比较小；反之，沉积物再搬运重力流的浓度较小时，块体搬运特征不明显，但滑动速度较大。最易于形成沉积物再搬运重力流沉积物浓度大致在 30%～40%，且其中应含有 10%～15% 的黏土，否则块体搬运特征就不明显。

4. 湖水位的高低

它直接影响沉积物重力流砂体发育规模的大小及块体搬运的距离。当湖水位较高时，所形成沉积物再搬运重力流砂体的沉积厚度比较大，主要分布场所位于斜坡底部拐点和近

斜坡地带，具有平面范围较小，砂体的前缘及侧缘坡度较陡的特点；湖水位较低时，沉积物再搬运重力流砂体沉积厚度越小，所形成的平面范围越大，深湖内部是沉积物再搬运重力流砂体的主要发育部位，砂体的前缘及侧缘坡度比较小。

5. 外力作用

本次实验施加的外力主要包括人工震动、风暴浪及波浪作用三种，震动强度大，可加速堆积在斜坡顶端沉积物的下滑，沉积物再搬运重力流形成及发育较快；风暴浪是形成重力流的重要触发机制，当湖水位处于斜坡带顶部时，风暴浪可有效地使已堆积的浊积砂体前缘沉积物以重力流形式沿斜坡作块体搬运。一般的波浪作用一种营力难以促使沉积物滑动，它主要是叠加在其他触发机制之上共同作用，并对重力流砂体进行改造。

二、沉积物再搬运重力流砂体分布及演化特征

沉积物再搬运重力流砂体是指位于湖盆斜坡带下部及湖底主要由重力作用而形成的砂体，这种沉积物再搬运重力流多数是由早期沉积速率较高的浊积砂体前缘作为物源，在各种触发机制下沿斜坡滑动形成，因此一般情况下是富砂的，少数是砂泥混杂的。沉积物再搬运重力流砂体发育部位与湖盆斜坡带特征密切相关，斜坡带为沉积物再搬运重力流砂体形成和发育提供了动力学背景，斜坡下部和邻近斜坡的湖底是沉积物再搬运重力流搬运碎屑物的主要堆积场所（图 7–1）。

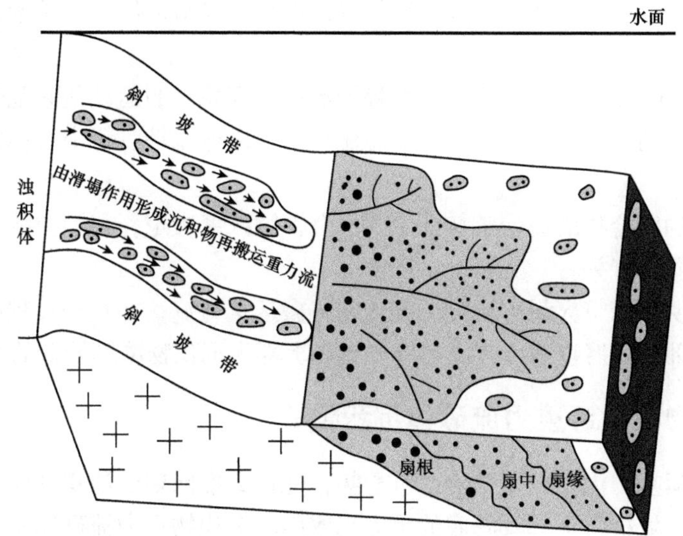

图 7–1　沉积物再搬运重力流砂体分布及演化特征图

沉积物再搬运重力流砂体是由重力流搬运而来的。在重力流中包括碎屑流、液化沉积物流和颗粒流三种，以碎屑流主。碎屑流搬运的碎屑物质是由水、泥质混合物两个基质力支撑，使碎屑物质分散在基质中。

沉积物再搬运重力流呈块体流动，也可看作呈层流态流动，即流体流动过程中流体内部质点的运动轨迹是不掺混的。沉积物和水的混合物的流变学特征主要由沉积物浓度决定，与颗粒的大小及被搬运固体的物理化学性质也有关。

沉积物再搬运重力流砂体以砂质沉积物为主，少数是砂泥混杂沉积物。因为重力流的形成是由先存于斜坡高部位的沉积物滑塌，或河流带来的碎屑沿较陡湖泊斜坡直接向斜坡下部及湖底作块体流动形成的。对于斜坡高部位的沉积物滑塌来说，砂质沉积物与泥质沉积物相比，砂质沉积物的黏性小，稳定性差，容易发生滑塌；对于由河流搬运的沿较陡湖泊斜坡直接向斜坡下部及湖底运动的碎屑来说，由于泥质碎屑呈悬浮搬运，沿斜坡流动的碎屑虽然有一定的泥质，但主要是砂质碎屑，因此沉积物再搬运重力流砂体主要是砂质沉积物。但是，对于斜坡高部位的沉积物滑塌来说，处于较陡斜坡上部泥质沉积物和受到强烈外力作用（如地震、风暴、重力流的扰动等），泥质沉积物发生滑塌也是可能的，再加上砂质碎屑流在流动过程的重力分异，也可使泥质富集。因此，沉积物重力流砂体尚有少量砂泥混杂沉积物，甚至是泥质沉积物。

三、沉积物再搬运重力流砂体形成及发育的水动力机制探讨

形成沉积物重力流砂体的沉积物是由重力流搬运而来的。根据流体流变学特征，重力流划分为牛顿流体和塑性流体两种类型。对牛顿流体（即流体没有黏性）施加剪切压应力时将开始变形，并且是线性变形，牛顿流体初始紊流的指标是雷诺数（惯性力和黏滞力之比）要大于 2000，在重力流中，浊流搬运的碎屑物是由流体的涡举力支撑保持悬浮。塑性流体（即流体具有黏性）在施加的应力不超过屈服强度时不发生变形，一旦施加的应力超过屈服强度，变形也是线性的；这种流体也称作是宾汉塑性体，初始紊态的判别指标是雷诺数和宾汉数。

浊流是呈紊流态流动，即流体流动过程中流体内部质点的运动是紊乱的；沉积物再搬运重力流呈块体流动，也可看作是呈层流态流动，即流体流动过程中流体内部质点的运动轨迹是不掺混的。

沉积物和水的混合物的流变学特征主要由沉积物浓度决定，与颗粒的大小及被搬运固体的物理化学性质也有关。

实验结果表明，携带大量碎屑物的沉积物再搬运重力流，在流动过程中可能会发生浓度分异，形成下部为碎屑物浓度较高的碎屑流和上部为沉积物浓度较低的浊流。

四、沉积物再搬运重力流砂体沉积模式

沉积物再搬运重力流砂体属面物源沉积物，先期或准同期的浊积砂体是沉积物重力流形成的物质基础，坡折带下部及湖底的重力流成因的沉积物重力流砂体是不稳定的浊积砂体前缘沉积物再分配的结果。重力流沉积时期可以滞后于浊积砂体沉积时期，也可以与浊积砂体准同生期形成。

不论是高水位时期还是低水位时期，河流带入深湖的陆源碎屑在入湖斜坡区形成富砂的浊积砂体，其前缘都是不稳定的，极易形成滑塌和碎屑流，主要原因是：（1）由于浊积砂体是在斜坡上堆积的，原始的斜坡叠加上浊积砂体前缘斜坡，使得浊积砂体沉积体前缘坡度加大，斜坡沉积物的稳定性降低；（2）浊积砂体前缘富砂，松散砂不具黏聚性、具有不稳定性；（3）浊积砂体前缘砂层下伏多为含水较高、具有流动潜能的泥质沉积物，降低

了滑动摩擦阻力；（4）高水位后期浊积砂体的建设，再加上前期形成的浊积砂体前缘沉积物承受的负荷压力增加，会加剧浊积砂体前缘的不稳定性；（5）低水位时期，尽管由于河流转移至低洼地带，高水位期的浊积砂体废弃，负荷压力不会增加，但水位线处于浊积砂体前缘附近，水位线附近的波浪扰动作用会加剧浊积砂体前缘的不稳定性，浊积砂体沉积的所有上述特征在受到其他因素的触发时都极易形成沉积物再搬运重力流（图 7–2）。

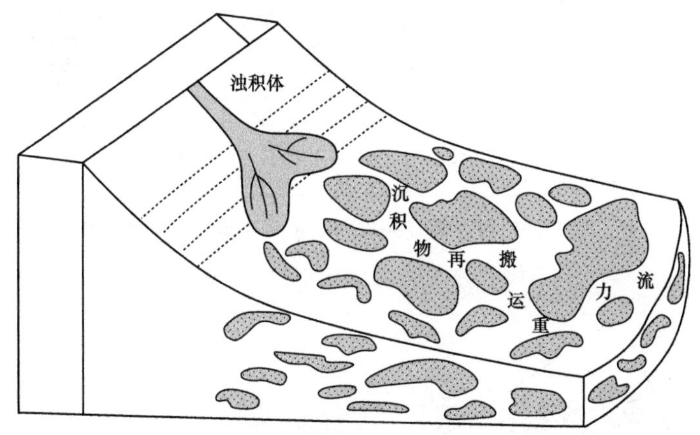

图 7–2　沉积物再搬运重力流沉积模式图

五、有关洪水型浊流的认识

富含泥沙浑浊的洪水以较快的速度进入清澈的湖盆，由于密度差和惯性作用，洪水沿斜坡底部以浊流形式流动，在坡脚及湖盆底部形成浊积岩。

1. 取得的实验认识

1）形成洪水型浊流所要求的斜坡带长度及坡度条件比较宽松

本次洪水型浊流的模拟实验首先将水与泥沙按设计要求进行搅拌，然后将混合物释放。结果表明，在 4m、2m、1m 的斜坡长度和 5°、10°、20° 的斜坡坡度下均可以形成比较典型的洪水型浊流；但在斜坡长、坡度大的条件下，洪水型浊流喷射比较远，可以通过表面清水明显观察到首先在斜坡底部、继而在深湖底部形成混水水团，并翻滚向前，明显表现出底部流速较大，上部流速较小的特征。由此可见，洪水型浊流与沉积物再搬运重力流和砂质碎屑流相比，发育洪水型浊流不需要太大的高差和较陡的坡度，5° 的斜坡坡度已经足够，临界坡度预计在 2°～3°。

2）斜坡带的坡度与高差对洪水型浊流沉积物的分布有重要影响

虽然洪水型浊流对斜坡带坡度与高差没有严格要求，但坡度与高差对洪水型浊流沉积物的分布影响较大。一般情况下，高差大、坡度陡时，洪水型浊流的动力比较足，在沉积底床上以较大的速度向前翻滚，沉积范围比较大（图 7–3）；高差低、坡度缓时，洪水型浊流的能量比较小，在沉积底床上滑动的速度比较低，沉积范围较小（图 7–4）。洪水型浊流形成的沉积物平面形态一般呈现出扇叶体特征，一期洪水型浊流通常形成一个扇叶体，不同期的洪水型浊流可以形成扇叶体的叠置，也可以使扇叶体撤开，这与当时湖底地形有密切关系。

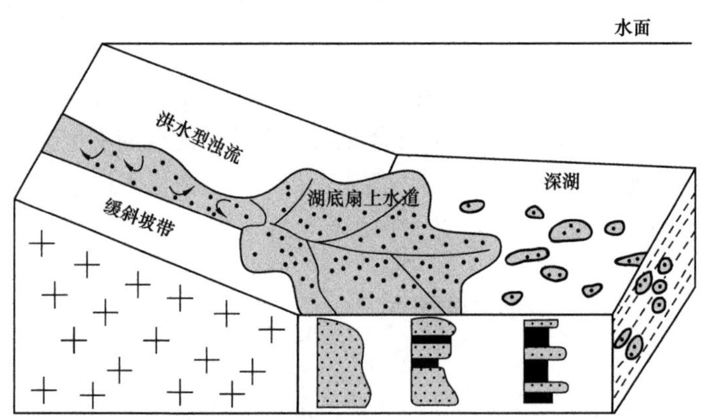

图 7–3　长斜坡缓坡度条件下洪水型浊流的沉积特征图

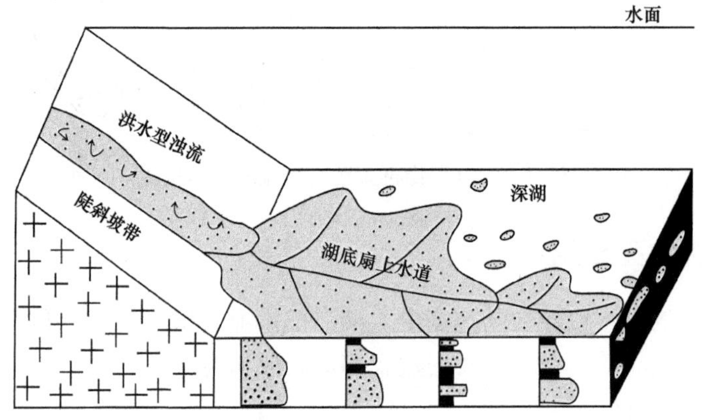

图 7–4　长斜坡陡坡度条件下洪水型浊流的沉积特征图

3）碎屑物质粗细混合比例不同对洪水型浊流的沉积作用有重要影响

本次实验泥与砂的总比例控制在 1∶6 左右，但是砂岩又有粗砂、中砂、细砂和粉砂之分，不同的砂岩组成对浊流沉积物的分布影响较大。混合不同比例的粗粒砂和细粒砂级颗粒对洪水型浊流的影响具有显著的非线形关系。可以用绘制的距离与时间比的平面曲线来分析洪水型浊流的变化特征（图 7–5）。曲线开始的部分急剧变化，随时间和速度的减小，曲线开始变缓。流体大幅度下降的时期和曲线急剧变陡的范围是相吻合的，在这样的流动下，测量流体的速度是连续的，速度开始大幅度下降符合盒式模型。曲线的分岔，反映颗粒大小的独立；大的颗粒最终有大的沉积速度，所以富含大的颗粒的悬浮液比富含小的颗粒的悬浮液流体的密度损失要快得多。

在粗粒的洪水型浊流中加入少量的细粒沉积物，在细粒的洪水型浊流中加入少量的粗砂对浊流流动速度有很大影响。实验表明，在粗粒洪水型浊流中，加入少量细粒沉积物的结果可提高流动速度，这是因为细的颗粒可以长时间减缓和保持着流体的密度。因此，如果在粗粒洪水型浊流中混合少量的细粒组分，可以使浊流的移动距离显著增加。

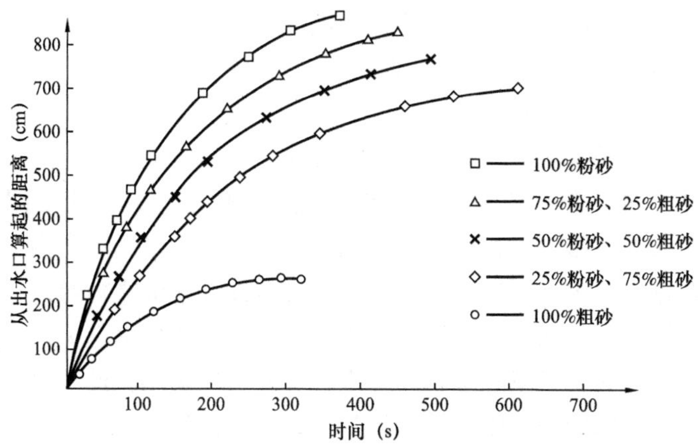

图 7-5 不同组分的洪水型浊流搬运距离与时间的关系图

4）洪水型浊流的泥沙含量决定了其流动行为和沉积结构

实验表明，洪水型浊流与经典浊流有较大的区别。这种差别首先表现在细粒成分较少，小于粉砂级以下的颗粒较少出现；其次表现在 a 段的递变层理不明显，多数发育厚层块状砂岩，有时隐约可观察到一些粗粒正递变特征。这种现象更符合于 Lowe 所描述的高密度浊流的 S_3 层段，其搬运沉积过程与高密度浊流中的牵引毯沉积相似，类似于河流中的床砂搬运过程；只是因为“牵引毯”沉积中缺少真正的牵引流形成的砂体，有的只是遍布的线性剪切作用。第三表现在层的厚度一般比较大，分选相对较差，由于牵引毯作用，砂岩中还可出现少量反递变段。

5）湖底地形对洪水型浊流沉积具有明显的控制作用

洪水型浊流进入深湖后，当湖底地形平坦时，洪水型浊流沉积物平面分布就比较均匀，形成面积比较大的水下扇，一般扇根部位粗而厚，扇缘部位细而薄，平面形态上形成比较典型的朵叶体；当湖底地形不平坦而存在底床小隆起或小凹陷时，洪水型浊流通常具有爬坡的功能，爬坡前能量积蓄较大，爬坡时对斜坡具有一定的刻蚀作用，刻蚀槽往往被后面的砂质沉积物所充填，在洪水型浊流沉积物的底部常常留下突起的砂脊，该砂脊的凸出方向一般与洪水型浊流的流动方向相一致。洪水型浊流爬坡的高度与形成浊流的斜坡带高差和坡度有关，如果斜坡带高差大、坡度陡，洪水型浊流在深湖内就具有较强的爬坡能力，可以越过比较高的陡坎；反之洪水型浊流的爬坡能力就比较小。当深湖内存在着地形起伏时，洪水型浊流形成的水下扇的平面分布多数情况下不均匀，地形高的地方沉积较薄，地形低洼处沉积较厚，而且容易形成穿过水下扇的新的朵叶体。

6）湖水位与初始流速对洪水型浊流的影响

湖水位的高低，直接影响洪水浊流砂体发育规模的大小。湖水位越高，洪水浊流砂体沉积厚度较大，所形成的平面范围较小，湖区和斜坡区下部是洪水浊流砂体的主要发育部位，砂体的前缘及侧缘坡度比较大；湖水位低，洪水浊流砂体沉积厚度比较小，所形成的平面范围大，湖区是洪水浊流砂体的主要发育部位，砂体的前缘及侧缘坡度较小。搅拌充分的洪水物质注入静止湖区水体的初始流速越大，在惯性影响下进入湖区的洪水碎屑物质多，洪水浊流砂体形成的规模大，沉积的厚度也就越大；反之，搅拌充分的洪水物质注入静止湖区水体的初始流速小，在惯性影响下进入湖区的洪水碎屑物质少，洪水浊流砂体形成的规模比较小。

2. 洪水流砂体形成及发育的水动力机制探讨

搅拌充分的水、砂、泥物质在一定的初始流速条件下注入静止的湖区，因注入的沉积物浓度较高，在惯性力影响下相继发生掺混、喷射，在一定的区带内流速逐渐减小，直至为零；沉积物在重力作用下缓慢沉降，洪水浊流砂体发育的规模与沉积物入湖后的减速带范围有关。减速带纵向距离越长，洪水浊流砂体发育的规模就越大；减速带纵向距离越短，洪水浊流砂体发育的规模就越小。湖区中的泥质沉积则不受此约束。洪水浊流砂体沉积时间较短，沉积物分选较差，以悬浮搬运为主，属塑性流沉积。伴随沉积物在湖区的注入、喷射、搬运、沉积，湖区中的水体呈紊动状态，并与漩涡、回流及环流相伴生。

第二节　重力流的实验成因模式

一、砂质碎屑流

砂质碎屑流的含砂浓度比较高，一般应不低于 20%；实验中采用物源平均浓度为 29.8%。混合泥沙的流体在分流河道中搬运，河道水流坡降处于稳定状态，达到自平衡响应，沉积物在河道区仅仅是过路而不是沉积，个别粗粒组分保留的机会更大些。到达浅湖边缘混水流呈喇叭状在斜坡散开形成砂质碎屑流，在重力作用下碎屑流沉积物沿斜坡带向湖区方向滑落，并快速携带泥沙沿斜坡区向湖区推进（图 7–6）。

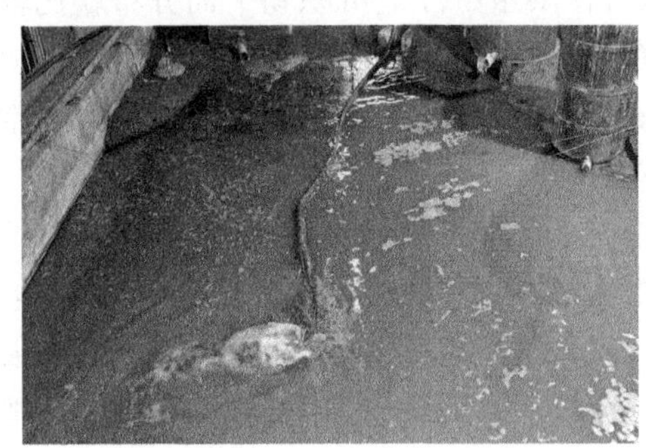

图 7–6　鄂尔多斯盆地陇东地区长 7 段沉积模拟实验砂质碎屑流的沉积过程

从物源区带来的泥沙物质大部分聚集在斜坡中下部及坡脚地带，并没有直接进入湖底平原。斜坡带深切谷未形成前，斜坡区水流发散，进入湖区后水流也发散。伴随实验的不断进行，斜坡带深切谷开始发育，水流集中，斜坡带中下部堆积的沉积物被带往湖区，湖区中的碎屑流砂体规模越来越大。在湖水位不变的情况下，碎屑流砂体的发育形状总遵循一个趋势，主水流居中，向两侧轮回摆动，碎屑体最终形成比较对称的朵状复合体。伴随实验条件的不断改变，碎屑流砂体表面沟槽不断变迁、改道，最终碎屑流砂体不断变宽增长。实验表明，碎屑流为非牛顿流体，搬运过程中颗粒基本上是不掺混的，可能会形成部分复合粒序层（图 7–7）。

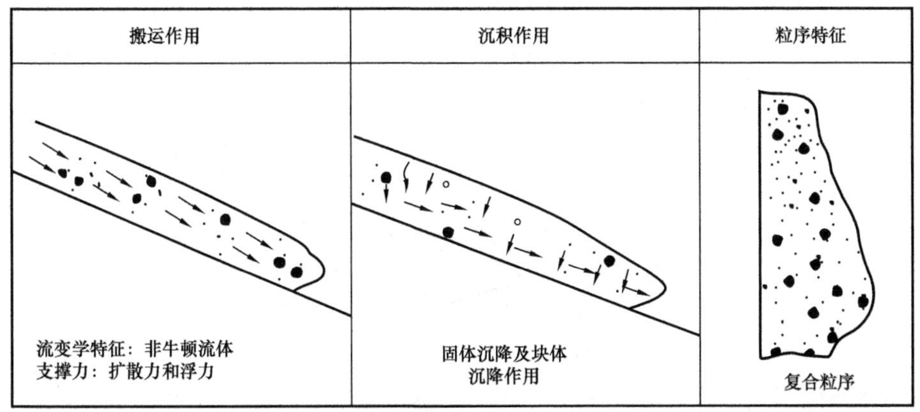

图 7–7　砂质碎屑流搬运及沉积特征图

二、洪水型浊流

搅拌充分的水、砂、泥物质在一定的初始流速条件下注入静止的湖区，因注入的沉积物浓度较高，在惯性力影响下相继发生掺混、喷射。在一定的区带内流速逐渐减小，直至为零；沉积物在重力作用下缓慢沉降，洪水流砂体发育的规模与沉积物入湖后的减速带范围有关。

减速带纵向距离越长，洪水流砂体发育的规模越大；减速带纵向距离越短，洪水流砂体发育的规模越小。湖区中的泥质沉积则不受此约束。洪水流砂体以块体沉积为主，沉积时间较短，沉积物分选较差，以悬浮搬运为主，属塑性流沉积，通过塑性方式搬运。伴随沉积物在湖区的注入、喷射、搬运、沉积，湖区中的水体呈紊动状态，湖区前端及两侧漩涡、回流及环流伴生（图 7–8）。

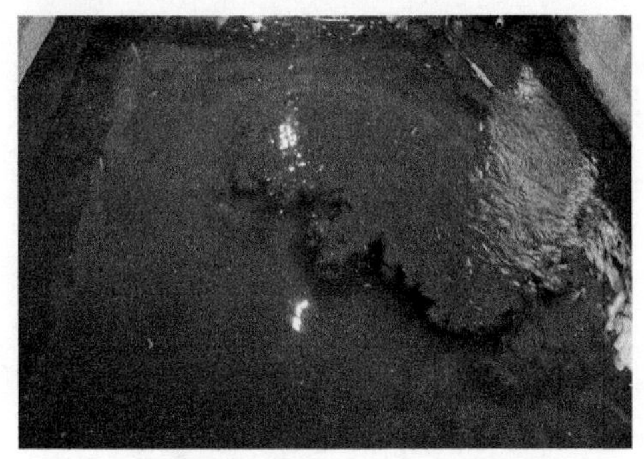
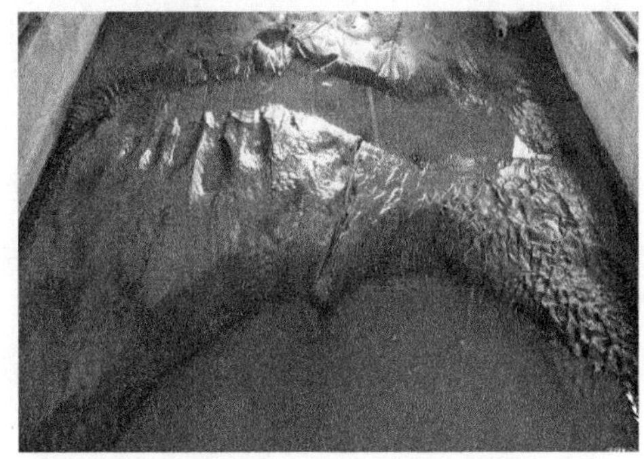

图 7–8　鄂尔多斯盆地陇东地区长 7 段沉积模拟实验洪水型浊流的沉积过程

浊流搬运过程中泥沙含量比较高，结合碎屑流的模拟实验，我们认为，泥沙含量 10% 大致是低密度浊流的上限；10%～25% 是洪水型浊流和高密度浊流的范围，大于 20%

或 25%则属于砂质碎屑流的范畴。而且洪水型浊流的泥沙含量组成中，必须要有一定数量的泥级颗粒，才能为洪水型浊流搬运过程提供支撑力，否则洪水型浊流有可能演变为颗粒流。因此，泥沙含量高低和泥沙颗粒组成对洪水型浊流影响较大（图 7-9）。

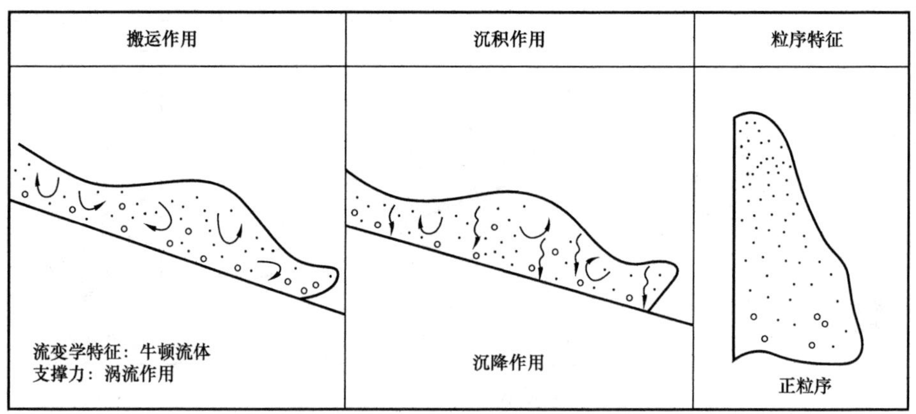

图 7-9　洪水型浊流搬运及沉积特征图

第八章　陇东地区长 7 段沉积模拟实验

第一节　原型地质概况

陇东地区位于鄂尔多斯盆地西南部，区域构造上属伊陕斜坡的西南部、天环坳陷的南部、西至西缘冲断带、南至渭北隆起，受该四个构造单元控制，构造相对平缓，在西向单斜背景上局部发育小型鼻状隆起（图 8-1）。模拟研究区南北向长约 185km，东西向宽约 171km，面积约为 31635km^2。

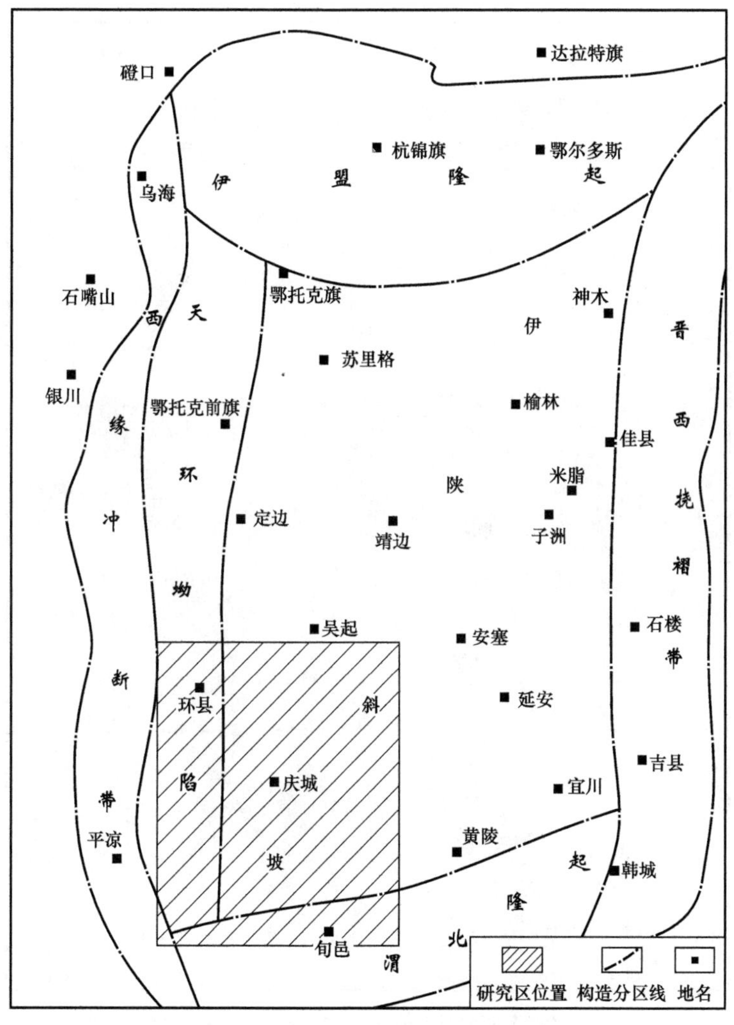

图 8-1　鄂尔多斯陇东地区构造位置图

三叠系延长组为鄂尔多斯盆地主要含油气层之一，前人根据湖盆沉积演化序列及油层纵向分布规律将上三叠统延长组分为五个岩性段十个油层段，整个延长组为河流—三角洲—湖泊相为特征的陆源碎屑沉积，其中长 7 段为湖盆发展的鼎盛阶段。本次实验主要模拟长 7_1 亚段和长 7_2 亚段。

其中，盆地的陇西古陆和秦岭古陆为陇东地区提供物源，受其影响，陇东地区主要由西南和南部两大方向物源所控制，向盆地中心依次发育：辫状河三角洲、重力流沉积、半深湖—深湖三种沉积类型（图 8–2）。根据测井资料、物性资料等，利用压实恢复原理，对鄂尔多斯盆地延长组长 7 段古厚度进行恢复。由图可以看出（图 4–8），鄂尔多斯盆地延长组长 7 段总体呈东部较为宽缓，西部较为陡窄的不对称大型向斜形态；结合沉积构造、古生物分析，认为研究区斜坡带古水深为 30～70m，其中湖中最大水深可达 150m 左右。并利用坡度角（θ）计算公式为：θ =arctan（d_1–d_2）/S，其中：（d_1–d_2）为两点处的压

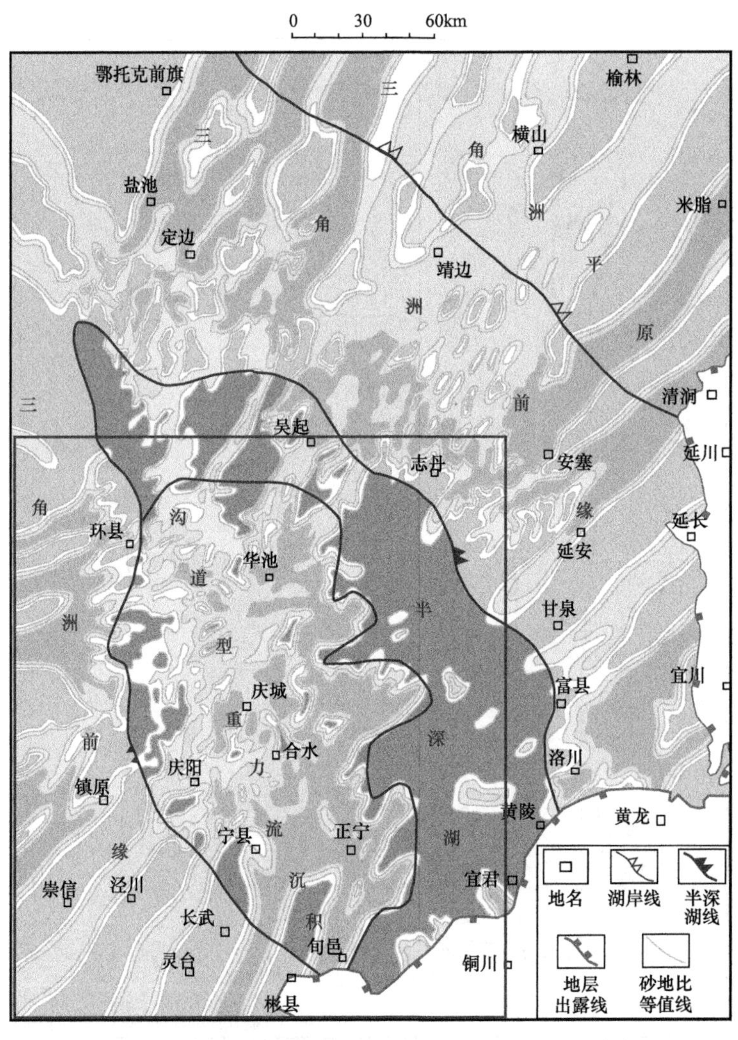

图 8–2　鄂尔多斯盆地延长组长 7_1 亚段沉积相平面分布图

实恢复后的沉积厚度差，S 为两点之间的水平距离，计算出陇东地区南部、西南部长 7 段沉积期平均坡度范围为 3°～5°。据有机质碳同位素分析资料，鄂尔多斯盆地延长组沉积时期古气候温暖湿润。该时期重力流沉积岩石类型多样，以细砂岩、粉砂岩为主，成分较复杂。该地区半深湖—深湖区的砂体主要以砂质碎屑流沉积和浊流沉积为主。

根据该研究研究区地质模型，结合实验室实际条件，建立物理模型，分阶段进行陇东地区长 7 段的长 7_2 亚段沉积期和长 7_1 亚段沉积期重力流沉积模拟（杨华等，2015），设计了不同的实验方案，包括详细的底形设计、来水过程、加砂组成等方面（刘忠保等，2008）。

第二节　实验设计

一、实验目的

在湖盆模拟实验室中实现浅水湖盆的多物源沉积模拟，以长 7_1 亚段和长 7_2 亚段为基本沉积单元，完成砂体形成过程的物理模拟研究，弄清砂体展布及厚度分布特征，剖析砂体叠置关系。根据沉积模拟实验过程和实验结果，研究砂体展布特征和沉积体系演化规律，研究长 7 段沉积期砂体主控因素（如物源方向、构造背景、来水过程、来砂过程、地形坡降等），预测有利储层分布区。

二、模拟对象

模拟陡坡带发育快速堆积的重力流沉积，缓坡带缓慢堆积的辫状河—辫状河三角洲（重点模拟重力流沉积）。

三、实验流程及思路

根据现代沉积调查，建立原型模型。在相似理论的约束下，建立比尺模型、设计详细的实验方案，在不断合理改变实验参数条件下，找出大面积砂体形成、分布及演变规律，得到实验条件下的定性认识和定量关系。

四、实验模型及参数

1. 底形设计

实验底形设计中，根据湖盆底形的恢复结果，经过双方共同探讨最终确定实验底形（图 8-3）。实验装置中活动底板共有四排支座支撑四块活动底板。此次实验中模拟深湖—半深湖沉积，所以活动底板下降 50cm 后固定。再根据研究区湖盆底形的实际特点制作出模拟实验底形（图 8-4）。

实验中共设计四个物源：1 号物源为南部物源，2 号、3 号、4 号物源为西南物源，与实际相符。Y=0～3m，固定河道区；Y=3～6m，入湖斜坡区，坡度 5°；Y=6～8.5m，坡折带，坡度 12°；Y=8.5～12m，湖区。圆桶出口方向与西南部入湖方向平行。搅拌加砂，搅拌池置于 Y=3m 附近。

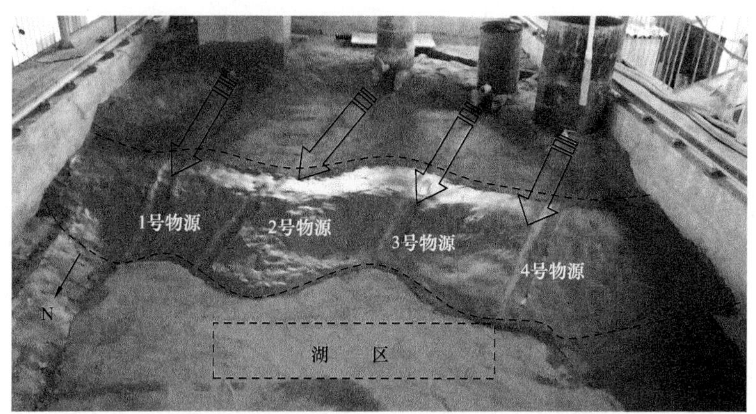

图 8-3　鄂尔多斯盆地陇东地区长 7 段沉积模拟实验底形示意图

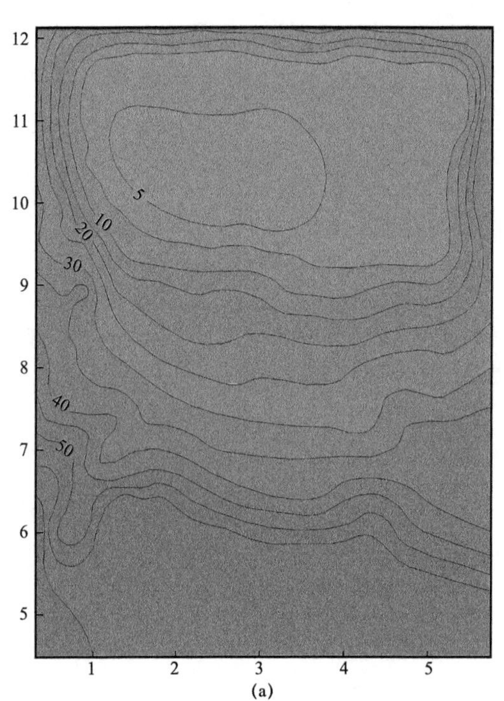
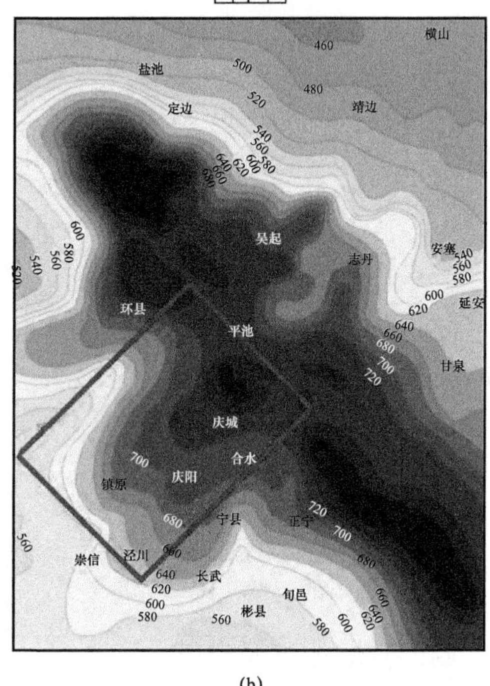

(a)　(b)

图 8-4　鄂尔多斯盆地陇东地区长 7 段沉积模拟实验底形等值线图

2. 比例尺确定

x 方向有效使用范围为 0～6m，比尺为 1∶31000；*y* 方向有效使用范围为 3～12m，比尺为 1∶31000；*z* 方向厚度比尺为 1∶100，本实验为一变态模型。

物源置于实验装置前端（图 8-5），其中 *y*=0～3m 作为老山区，不计入有效测量范围；*y*=3～6m 为辫状河三角洲沉积区，*Y*=6～12m 为重力流沉积区，*y*=3～12m 为有效使用范围。

3. 来水方式

根据自然界中三角洲—重力流发育的来水过程以长流水、阵发性流水为主特点，本次实验中设置了长流水、高强度泵注、低强度泵注三个流水过程；其中有在长流水模拟辫状河三角洲沉积过程、高强度泵注和低强度泵注模拟重力流沉积过程，且有高强度泵注模拟砂质碎屑流沉积，低强度泵注模拟洪水型浊流沉积（图 8–6）。

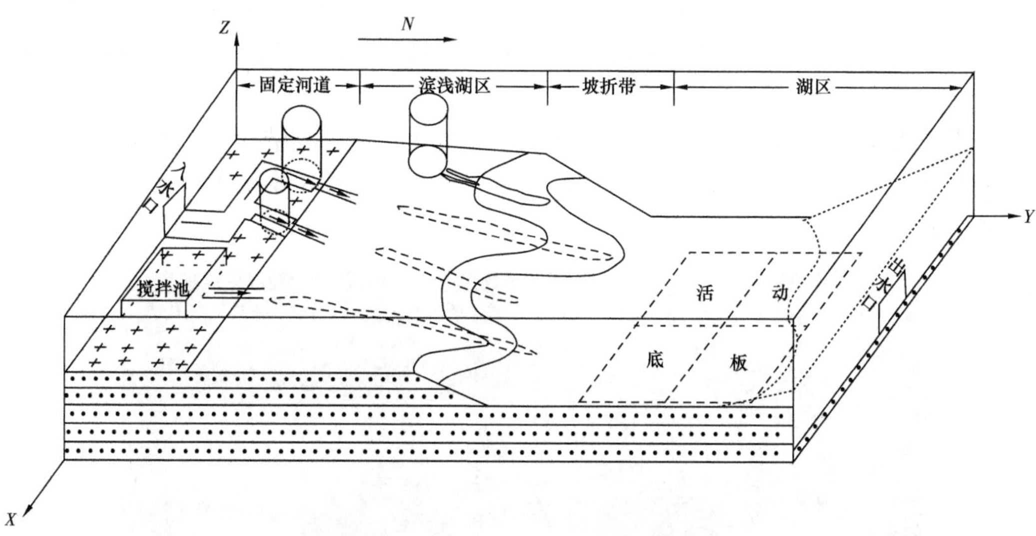

图 8–5　鄂尔多斯盆地陇东地区长 7 段沉积模拟实验底形示意图

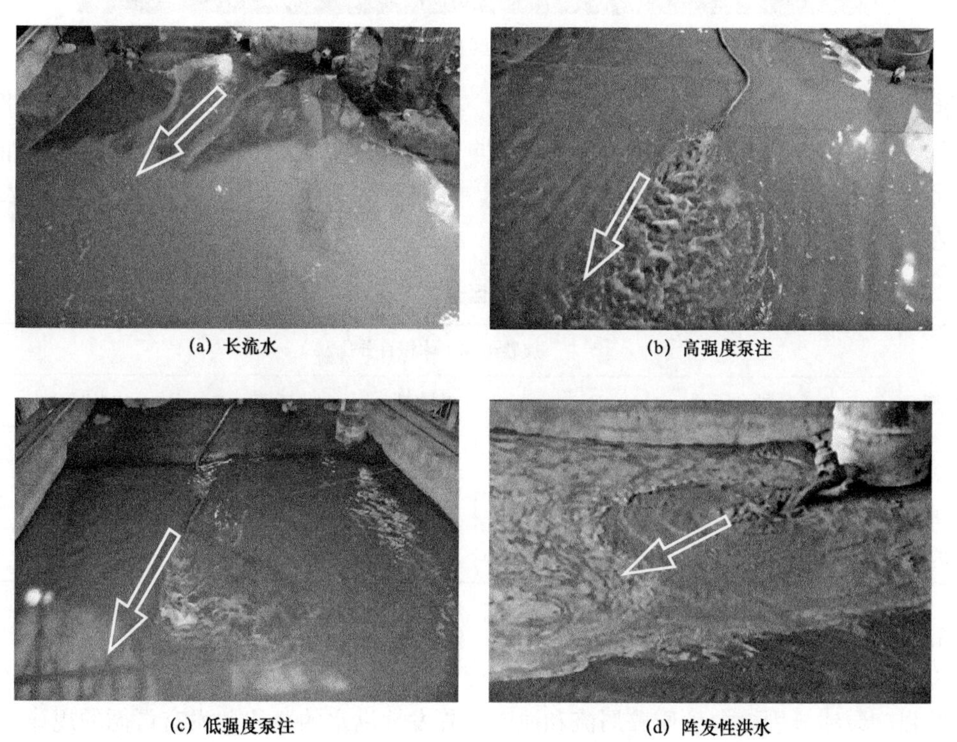

图 8–6　鄂尔多斯盆地陇东地区长 7 段沉积模拟实验来水方式示意图

4. 加砂组成

本次实验分为辫状河三角洲和重力流两大沉积体系，为典型的湖控三角洲。结合实际自然地质背景，辫状河三角洲模拟贯穿整个实验，辫状河道砂体粒度较粗，在岩心观察中发现本研究区河道砂以中砂、细砂、粉砂为主。而重力流模拟按照长 7_2 亚段和长 7_1 亚段将实验分为两轮，其中长 7_2 亚段做两期、长 7_1 亚段做三期。砂质碎屑流沉积以块状的细砂岩为主，浊积岩则以细砂、粉砂为主。

考虑到实验过程的可操作性，水流的搬运能力，不同沉积相带砂体的成因机理及结合对应期的来水情况；经过造床实验，调整得出最终参数，设计了本次实验辫状河—重力流的加砂组成（图 8–7）。

图 8–7　鄂尔多斯盆地陇东地区长 7 段沉积模拟实验加砂组成

辫状河三角洲沉积期：自然界中洪水期、平水期、枯水期的变化具有一定的规律，实验过程中根据三角洲形成特点按不同时期各自洪水、中水、枯水的粒度组成加砂，加砂量与流量比例匹配（表 8–1），设计为 6∶3∶1。重力流沉积期：设计阵发性来水含砂浓度为 20% 左右。

表 8–1　鄂尔多斯盆地陇东地区长 7 段沉积模拟实验砂泥级配

沉积期	加砂组成（体积百分比 %）								
	洪水期			中水期			枯水期		
	中砂	细砂	粉泥	中砂	细砂	粉泥	中砂	细砂	粉泥
长 7_2	19	31	45	7	28	65	10	15	75
长 7_1	25	35	40	13	32	55	5	25	70

5. 水动力参数

根据自然界中重力流沉积的来水方式主要以阵发性洪水为主。实验中设置了高强度泵注和低强度泵注分别模拟砂质碎屑流和浊流。阵发性洪水的变化并没有可循的规律，但是实验过程中根据重力流的形成特点，以及自然界中砂质碎屑流和浊流的沉积条件，来水过程、来水时间、流量变化、含砂浓度及湖水位的变化等，设计三角洲入湖重力流的主要水

动力参数包括流量 Q、加沙量 Q_s、放水历时 t 等。

实验共进行两大轮，分别对应长 7_2 亚段、长 7_1 亚段两大沉积期。其中第一沉积期设置 5 小次模拟长 7_2 亚段重力流砂体沉积特点，第二沉积期设置 7 小次模拟长 7_1 亚段重力流砂体沉积特点。实验中视具体情况，可适当调整，最终不同轮次的实验主要水动力参数变化控制范围见（表 8–2）。

表 8–2　鄂尔多斯盆地陇东地区长 7 段沉积模拟实验水动力参数设计表

实验轮次		来水过程	历时（min）	流量（cm^3/s）	含砂浓度（%）	湖水位（cm）
第一沉积期（长 7_2）	Run Ⅰ-1	高强度泵注	38.8	0.00368	25	
	Run Ⅰ-2	低强度泵注	40.6	0.00296	18.5	57.5～56.0
	Run Ⅰ-3	低强度泵注	37.2	0.00285	14.6	56.0～54.5
	Run Ⅰ-4	高强度泵注	40.7	0.00369	26.4	54.5～53
	Run Ⅰ-5	低强度泵注	19.1	0.00295	19.8	53.0～51.5
第二沉积期（长 7_1）	Run Ⅱ-1	高强度泵注	23.5	0.00366	32.4	51.8～49.5
	Run Ⅱ-2	低强度泵注	20.6	0.00261	18.5	48.0～57.0
	Run Ⅱ-3	低强度泵注	29.1	0.00261	17.1	47.0～46.0
	Run Ⅱ-4	高强度泵注	29.7	0.00342	30.2	45.0
	Run Ⅱ-5	低强度泵注	37.9	0.00269	10.2	46.0～44.5
	Run Ⅱ-6	高强度泵注	37.3	0.00310	28.9	44.5
	Run Ⅱ-7	低强度泵注	28.3	0.00264	20.7	44.0
	Run Ⅱ-8	低强度泵注	21.4	0.00265	20.2	43.0

第三节　实验过程描述

一、辫状河三角洲沉积

实验初期为辫状河三角洲入湖沉积，水流沿袭原始河道携带泥沙快速在河道部位沉积，逐步向湖区方向推进，并于入湖处形成三角洲雏形。此时，由于砂体处于生长初期，生长空间很大，故生长较快。砂体形态初期较为圆滑，呈舌状；之后，随着主水流的摆动，砂体生长的优势方向随之变化，但由于水流摆动较为频繁，砂体整体全方位发育。洪水期由于流量增加，水流分散，强片流为主，动平床状态，携带物源快速入湖，砂体生长快且全面。中水期流量相对降低，出现分支河道，并有若干小沙坝出露，随着湖水位降低，水流下切明显。枯水期砂体进一步暴露，出露范围更大，河流沿袭原切割较深的分流河道部位。湖水位上升后，砂体纵向生长受阻，前缘平直。湖水位较低后水流呈树枝状，水流下切作用明显，沙坝数量增多。辫状河三角洲演化过程如图 8–8。

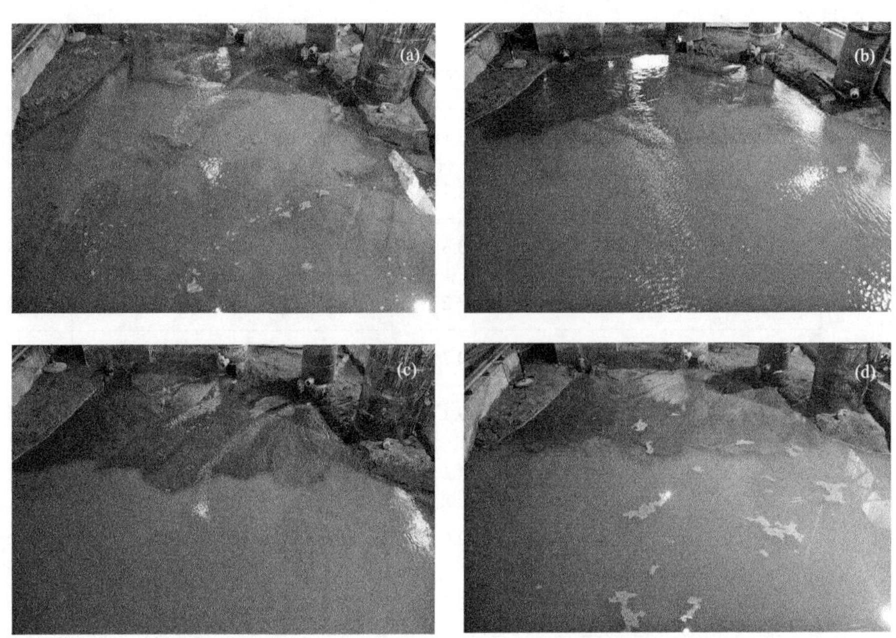

图 8–8　鄂尔多斯盆地陇东地区长 7 段沉积模拟实验辫状河三角洲演化过程

（a）实验初期，水流沿袭原始河道携带泥沙快速在河道部位沉积，并逐步向湖区方向推进；（b）砂体生长较快，砂体形态初期较为圆滑，呈舌状；（c）洪水期水流分散，强片流为主，动平床状态，携带物源快速入湖，砂体生长快且全面；（d）枯水期砂体出露范围更大，河流沿袭原切割较深的分流河道部位

二、重力流沉积

重力流实验共分两轮，每轮对应长 7_2 亚段、长 7_1 亚段两个大的沉积期。其中长 7_2 亚段分两轮进行，长 7_1 亚段分三轮进行。

1. 长 7_2 亚段第一沉积期（Run Ⅰ 1–3）

实验初期，水流沿袭固定河道沿着坡折带携带泥沙快速在湖区沉积，重力流成因为牵引流砂质载荷沿斜坡滑动形成的砂质碎屑流。由于 1 号物源（南部）的影响，水流入湖后，首先在湖区中偏右侧形成一个顺时针的回流，范围涉及整个湖区。斜坡表面，因水流冲刷作用造成其表面出现多个小坑，逐渐演变为浊积水道。沉积物供给充分，在斜坡底部由于上游的惯性作用形成冲坑，冲坑中水流翻滚，呈同心圆状向外缘散开，沉积砂体表面可见颗粒跳跃前进。在前方和两侧堆积，沉积砂体表面可见冲刷出的等间距排列的小型辫状水道，这些水道从冲坑至外缘呈放射状，粗颗粒主要集中在中前缘。冲坑呈漏斗状，向前逐渐变大。

缓慢降湖水位，流量变大，在 2h 内，湖水位由 57.5cm 降至 54.5cm，流量由 0.00368cm^3/s 降到 0.00285cm^3/s。与 0.00368cm^3/s 的流量相比，在流量为 0.00285cm^3/s 时，固定河道的流速减慢，而非固定河道和斜坡的流速变化不大。总体上，斜坡上的流速最快，非固定河道的次之，固定河道的流速最小，砂体沿浊积水道沉积向湖区推进（图 8-9）。在实验累计时间达到 2.5h 时，可见浊积水道最大深度位于斜坡中部，宽度由斜坡顶至湖区不断展宽。砂体沿斜坡带滑塌沉积，砂体沉积厚度薄。少量砂体延伸沉积至湖区，砂体延伸最远至 10m。

(a) 实验模拟长7_2亚段第一沉积期砂体沉积后展布特征图

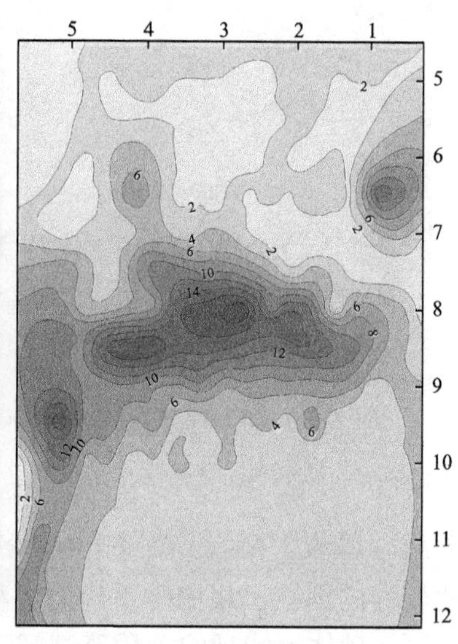

(b) 实验长7_2亚段第一沉积期砂体厚度等值线图

图 8-9 鄂尔多斯盆地陇东地区长 7 段沉积模拟实验重力流长 7_2 亚段第一沉积期演化过程

2. 长 7_2 亚段第二沉积期（Run Ⅰ 4-5）

经第一沉积期的冲刷，等待湖盆砂体慢慢沉积之后，进行第二沉积期的实验。浊积水道从顶部至底部逐渐变宽，发育明显，斜坡顶部水道宽度为 12cm，斜坡中至顶部宽度为 15～24cm，水道最大深度位于斜坡中部，达 1.8cm。沉积物在水道部位很少保留，全部由水流带往湖区。

第二沉积期泵注开始。水流切割较为明显，出现砂体连片现象。40min 后，开始采用高强度泵注，由于浓度高，水量大，洪水波及范围大，砂体表面的水体展宽，冲刷砂体表面，为强漫流状态，快速带动砂体前移，冲坑部分被沉积物充填。随后进行低强度泵注，水流主要分成两股，中间的一股水流入湖，受南部出水口的影响，在湖区右侧形成一个顺时针方向大的回流，而湖区左侧形成一个逆时针方向小的回流；左侧的一股水流在湖区形成一沿岸流。湖水位降低过程中，四个物源在湖区交汇，沉积砂体开始为横向发育，后来逐渐演变成纵向发育，砂体外缘较平顺圆滑、近对称，无明显优势水流方向，但向南侧沉积稍多，表面的水流呈漫流状态均匀散开。斜坡底部出露的砂体逐渐被冲刷，整个砂体均位于水面之下。继续降低湖水位至 51.05cm，沉积砂体继续向湖区推进，斜坡变短，沉积物供应充足时，水流的类型主要为沿岸流和漫流（图 8–10）。

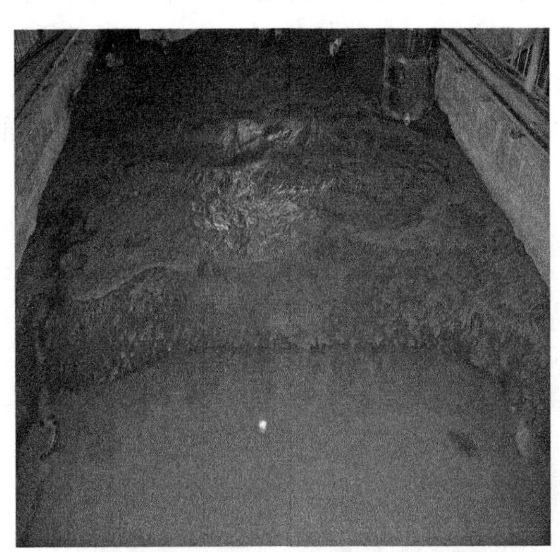

(a) 实验模拟长7_2亚段第二沉积期砂体沉积后展布特征

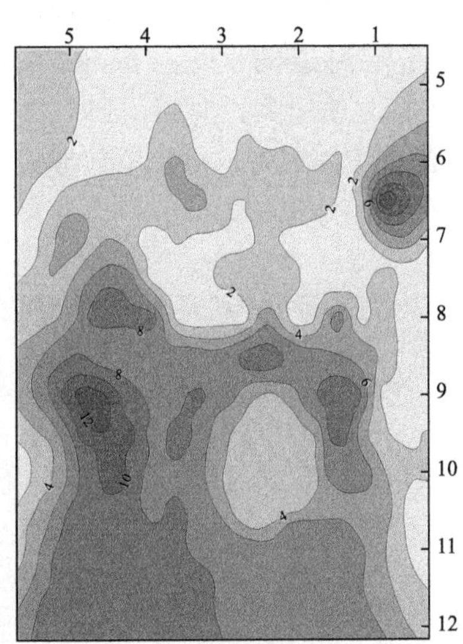

(b) 实验长7_2亚段第二沉积期砂体厚度等值线图

图 8–10　鄂尔多斯盆地陇东地区长 7 段沉积模拟实验重力流长 7_2 亚段第二沉积期演化过程

砂质碎屑流主要组分为细砂和粉砂，平均沉积厚度为 2.51cm。而浊流沉积物为泥质含量比较高的细砂，相比砂质碎屑流粒度细，沉积厚度仅为 1.502cm。斜坡带上砂体沉积逐渐变厚。砂体继续延伸沉积至湖区，并在一定范围沉积，但沉积厚度仍很薄。主体砂延伸最远至 10.5m，长 7_2 亚段沉积结束。

3. 长 7_1 亚段第一沉积期（Run Ⅱ 1–3）

实验进行长 7_2 亚段沉积期后，继续采用高强度泵注和低强度泵注的来水方式，管口位于 Y=9.5m 处，高强度水流冲刷砂体表面，一股水流在前缘分两支。0.5h 后，先采用高强度泵注再低强度泵注的注水方式。采用高强度泵注的注水方式可观察到沉积物重力再搬运重力流。初期，重力流在水流压力和重力的触发机制下，开始发生运动，速度较低，呈蠕动，类似于垮塌和滑动的初期，为整体块体运动；中期，重力流随着时间和运动发生变化，运动速度加大，此时，重力流处于过渡状态，堆积体未整体垮塌；末期，重力流浓度大，速度快，连续滑动，水流漫过堆积体整体垮塌形成砂质碎屑流。这个过程较短暂，约 3min。随后采用低强度泵注的来水方式，泥沙高浓度，水量大，流速较大，水流覆盖地势较低的砂体，涉及湖区整个范围，重力流为洪水性浊流。

砂体在斜坡上沉积一定厚度，斜坡上可容空间变小，砂体向湖区沉积，沉积范围布满湖区。砂体沉积厚度最大可达 10cm，砂体延伸最远至 11.5m（图 8–11）。

4. 长 7_1 亚段第二沉积期（Run Ⅱ 4–5）

经长流水 0.5h 的改造作用，进行第二次的高强度泵注，由于南部出水口受阻，水流集中在湖区，速度快，在流入湖区时翻卷冲刷，造成湖区的浓度高、密度大，砂体快速向前推进；在水道前缘，Y=10～11.5m 之间有沿着水道底流带来的沉积物。形成的重力流沉积物横向展布，且靠近西南的一侧比南侧要陡，这是由于水流往复左右移动造成。

(a) 实验模拟长7_1亚段第一沉积期砂体沉积后展布特征

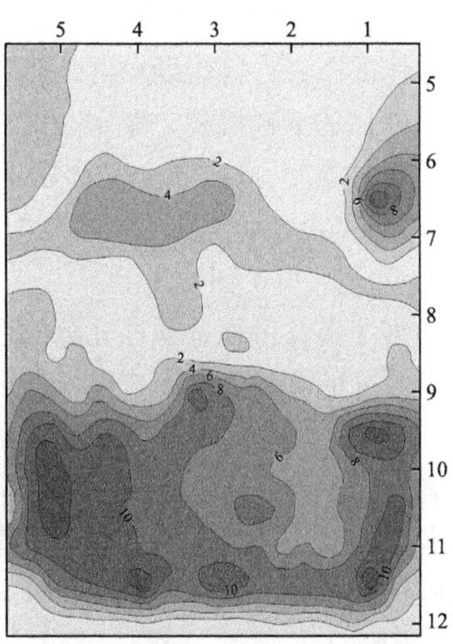

(b) 实验长7_1亚段第一沉积期砂体厚度等值线图

图 8-11　鄂尔多斯盆地陇东地区长 7 段沉积模拟实验重力流长 7_1 亚段第一沉积期演化过程

砂质碎屑流和浊流沉积在湖区大量沉积。斜坡带上砂体沉积逐渐变厚，主要发育为砂质碎屑流。砂体继续延伸沉积至湖区，并沉积一定范围，但沉积厚度较大，砂体沉积厚度最大为 8cm，主体砂延伸布满湖区（图 8-12）。

(a) 实验模拟长7_1亚段第二沉积期砂体沉积后展布特征

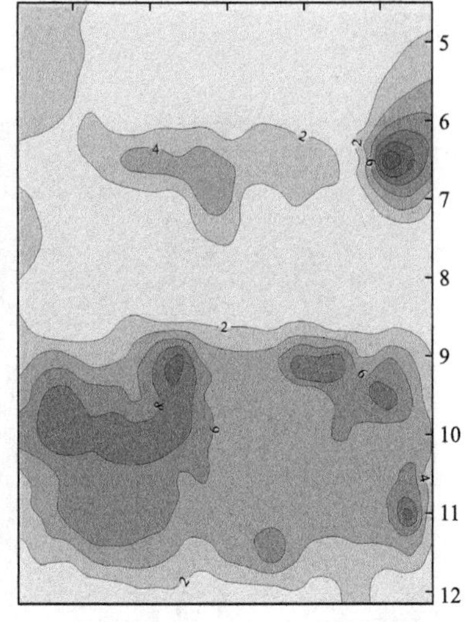

(b) 实验长7_1亚段第二沉积期砂体厚度等值线图

图 8-12　鄂尔多斯盆地陇东地区长 7 段沉积模拟实验重力流长 7_1 亚段第二沉积期演化过程

5. 长 7_1 亚段第三沉积期（RunⅡ5–8）

低水位体系域，共做 3 轮沉积，先做一轮高强度泵注，后做两轮低强度泵注。湖水位开始降到 43cm，各物源处在前期形成的砂体表面，经新的河水改造及沉积物的搬运再沉积，对砂体展布进行再建设和再改造。

随着砂体的不断沉积，湖水逐渐变浅，有利于厚层砂的形成。本次沉积期砂体在湖区大面积沉积，厚度可达 7.5cm，砂质碎屑流沉积达 3.6cm、浊流沉积达 2.5cm。

砂体继续在湖区沉积，砂体在湖区沉积厚度不断增加。砂体沉积厚度最大为 14cm，长 7_1 亚段沉积结束（图 8–13）。

总结整个实验过程，搅拌充分的水、砂、泥物质在一定的初始流速条件下注入静止的湖区，因注入的沉积物浓度较高，在惯性力影响下相继发生掺混、喷射；在一定的区带内流速逐渐减小，直至为零，沉积物在重力作用下缓慢沉降，洪水浊流砂体发育的规模与沉积物入湖后的减速带范围有关。减速带纵向距离越长，洪水浊流砂体发育的规模越大；减速带纵向距离越短，洪水浊流砂体发育的规模越小。湖区中的泥质沉积则不受此约束。洪水浊流砂体沉积时间较短，沉积物分选较差，以悬浮搬运为主，属塑性流沉积。伴随沉积物在湖区的注入、喷射、搬运、沉积，湖区中的水体呈紊动状态，并与漩涡、回流及环流相伴生。沉积物再搬运重力流砂体以砂质沉积物为主，少数是砂泥混杂沉积物。因为重力流的形成是由先存于斜坡高部位的沉积物滑塌，或河流带来的碎屑沿较陡湖泊斜坡直接向斜坡下部及湖底作块体流动形成的。对于斜坡高部位的沉积物滑塌来说，砂质沉积物与泥质沉积物相比，砂质沉积物的黏性小，稳定性差，容易发生滑塌；对于由河流搬运的沿较陡湖泊斜坡直接向斜坡下部及湖底运动的碎屑来说，由于泥质碎屑呈悬浮搬运，沿斜坡流动的碎屑虽然有一定的泥质，但主要是砂质碎屑。因此，沉积物再搬运重力流砂体主要是砂质沉积物。

(a) 实验模拟长 7_1 亚段第三沉积期砂体沉积后展布特征

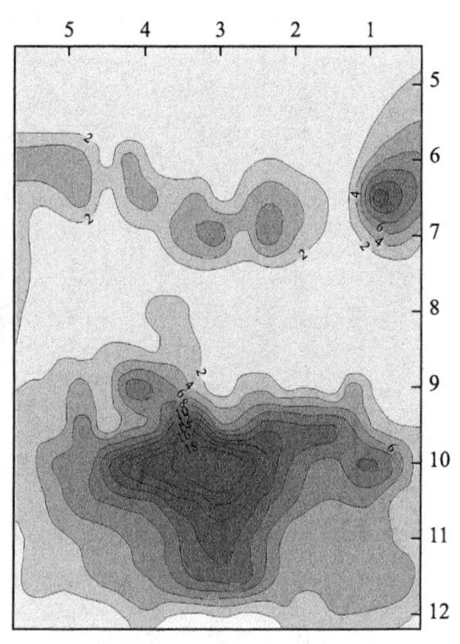

(b) 实验长 7_1 亚段第三沉积期砂体厚度等值线图

图 8–13　鄂尔多斯盆地陇东地区长 7 段沉积模拟实验重力流长 7_1 亚段第三沉积期演化过程

第四节　实验结果分析

一、沉积微相类型

通过对实验过程的监测，发现实验条件下，重力流的沉积微相类型主要包括砂质碎屑流沉积、浊积沉积、深湖泥等，滑塌沉积不太发育（图 8–14）。在实验过程中，随着辫状水道的不断迁移，三角洲砂体向湖区持续的推进，砂质碎屑流沉积、浊流沉积之间可以相互转化，且多为砂质碎屑流沉积向浊流沉积转化。

图 8–14　X=5m，Y=9～10.5m 纵剖面

实验条件下砂质碎屑流沉积是研究区最发育的沉积微相，呈块状沉积。单层沉积厚度最大可达 10.44cm，长 7_1 亚段沉积厚度大于长 7_2 亚段。浊流沉积单层厚度数毫米到几厘米，最后沉积厚度为长 7_1 亚段浊流沉积 4.86cm。

长 7_2 亚段沉积期：砂质碎屑流主要发育在坡折带，厚度较大，少量发育在湖区，厚度较小；浊流主要发育在深湖区，厚度变化不大，分布均匀。长 7_1 亚段沉积期：砂质碎屑流在坡折带和湖区均发育，厚度较大，分布面积广；浊流在坡折带和湖区均发育，湖区沉积厚度较长 7_2 亚段沉积期更大（绿色线为砂质碎屑流沉积、黄色线为浊流沉积沉积）（图 8–15）。

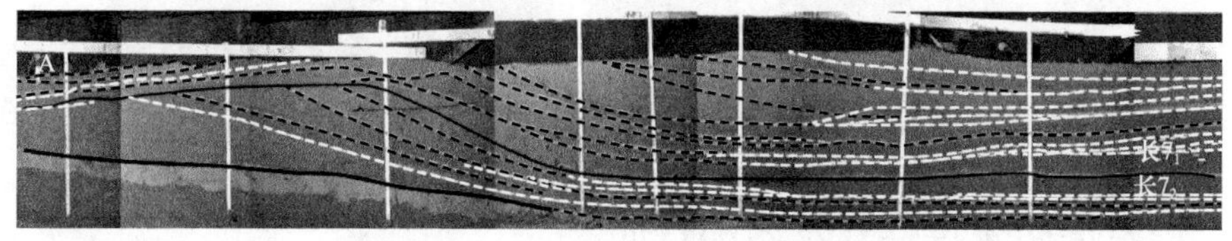

图 8–15　X=3m，Y=5～11.5m 纵剖面

二、典型沉积构造

通过精细三维切片，发现重力流沉积层理类型较典型，常见的有块状沉积、鲍马序列

（下平行纹层、粒序层）和槽模发育（图 8–16）。在横剖面上可见湖成三角洲的重力流沉积特征，即砂质碎屑流沉积、浊流沉积的槽模构造（图 8–16）。重荷模构造是指覆盖在泥岩上的砂岩底面上的圆丘状或不规则的瘤状突起，突起的高度从几毫米到几厘米，甚至达几十厘米；他是由于下伏饱和水的塑性软泥承受上覆砂质层的不均匀符合压力而使上覆的砂质物陷入下伏的泥质层中，形成重荷模。重荷模沉积代表典型的深水重力流沉积构造。

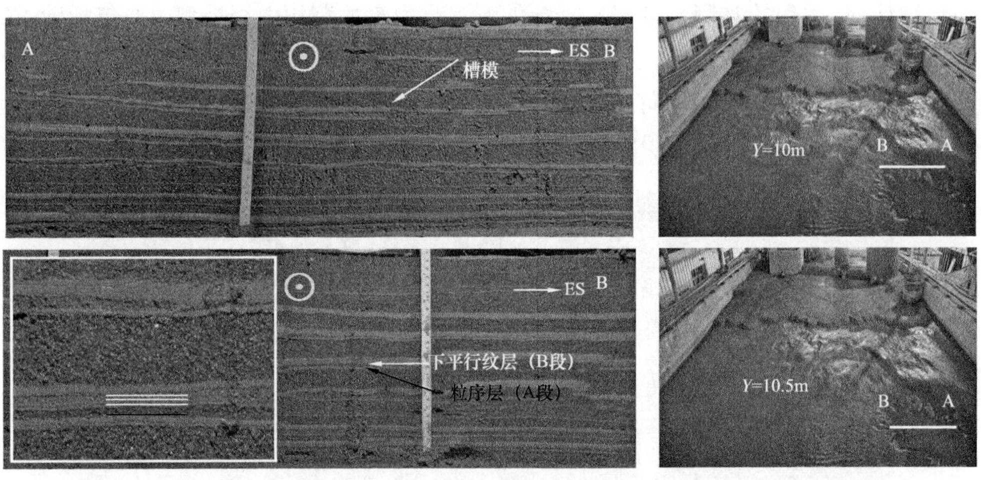

图 8–16　鄂尔多斯盆地陇东地区长 7 段沉积模拟实验条件下重力流砂体典型沉积构造

在实验剖面切面中可以明显看出，层系浊流沉积中有典型的由底向上粒度变细的韵律变化（图 8–17）。在模拟浊流沉积的结果中得出，实验条件下多为鲍马序列的粒序层 A 段及少量下平行纹层 B 段。与砂质碎屑流块状构造有明显的沉积区别，与实际相符。

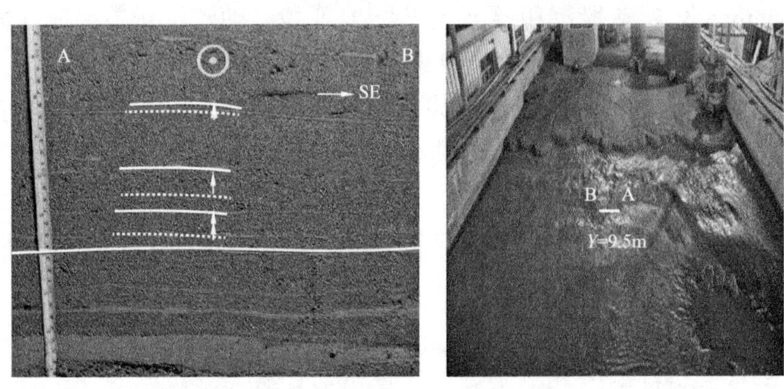

图 8–17　鄂尔多斯盆地陇东地区长 7 段沉积模拟实验沉积相示意图（X=3～3.25m，Y=9.5m 横剖面）

三、砂岩横向叠置样式及内部特征

重力流砂体沉积的期次性与湖平面升降、不同期次砂体沉积的下蚀作用、浊积水道的变迁、多物源的沉积交互及盆地沉降和沉积速率的匹配等密切相关，早期沉积体或局部保留，或被侵蚀改道，沉积物重新分配，多期性层次性特征明显。

根据实验剖面的切片结果分析，将砂体的连通关系总结分为以下六种：

1. 等厚相互连通砂体

从实验过程中可以看到，湖水位较高时期，湖泊大面积大，沉积物下切及侧向侵蚀作用较弱，对前期形成的砂体改造较小，砂体沉积范围较广，砂体非常发育。不同物源同一沉积期砂体相互连通性非常好、沉积厚度均一稳定（图 8–18）。

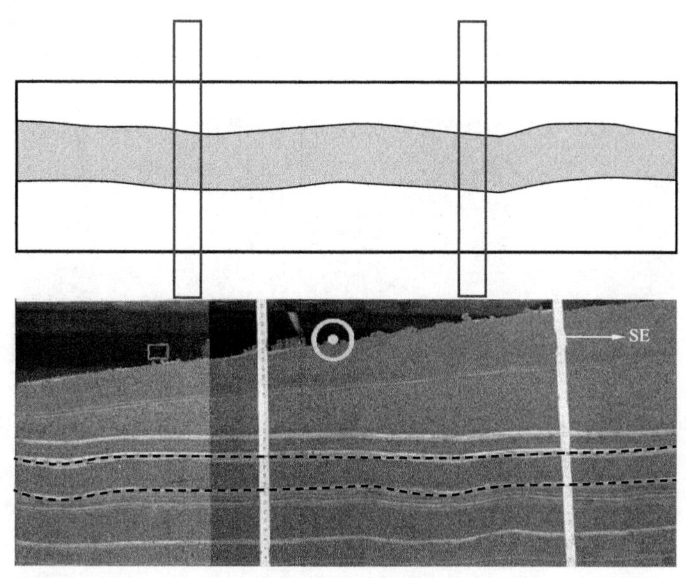

图 8–18　鄂尔多斯盆地陇东地区长 7 段沉积模拟实验砂体特征示意图（Y=10.75m，X=2～2.5m）

2. 孤立不连通砂体

湖侵期及高位期，湖泊面积不断扩大，湖区的充填与湖平面的上升基本处于平衡状态，河道因湖面向上波动，再加上河流在入湖处的堆积，使浊积水道易迁移改道，河流带来的沉积物坡折带不易沉积下来，导致砂体单个孤立沉积（图 8–19）。

3. 同一沉积期的薄层与厚层相互连通砂体

受多物源条件、湖盆底形及物源浓度条件的影响，同一沉积期的不同物源沉积的砂体厚度不一致，个别沉积厚度相差还比较大。但是砂体在湖区沉积，湖区可容纳空间较大，砂体沉积连片分布，相互连通性较好（图 8–20）。

4. 不同沉积期的薄层与厚层相互连通砂体

实验中不同物源在不同流速及不同初始喷出速度的情况下，使得不同物源砂体对前一期的沉积砂体切割程度不一样，形成垂向上不同沉积期的砂体沉积厚度不一致。不同时期水位变化导致河道改道及下切，河道的迁移使得沉积分布更加广泛，与不同时期的砂岩相互连接形成大面积砂岩（图 8–21）。

5. 同一沉积期的相互切割砂体

早期沉积体或局部保留，或被侵蚀改道，沉积物重新分配，多期性层次性特征明显，造成砂体垂向叠置。湖平面逐渐上升，湖泊面积逐步扩大，分流河道逐渐被充填迁移改道，河流带来的沉积物可在湖区较大范围内沉积，同一沉积期砂体相互切割沉积，期次性明显（图 8–22）。

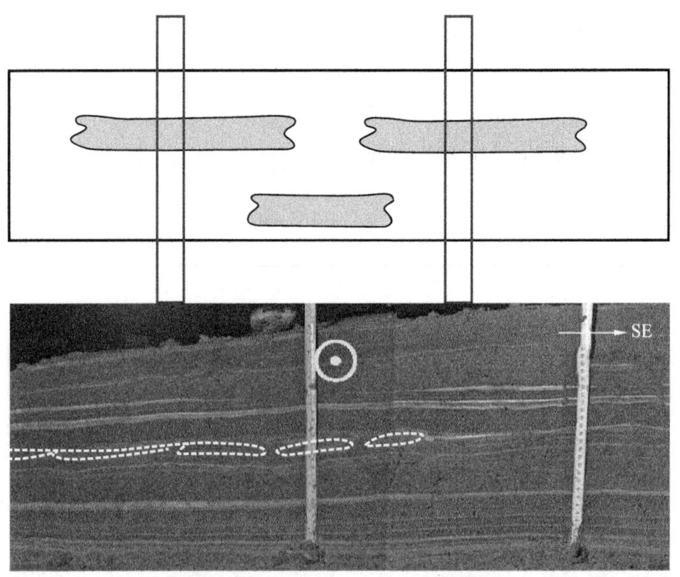

图 8-19　鄂尔多斯盆地陇东地区长 7 段沉积模拟实验砂体特征示意图
（Y=10.25m，X=2.25～2.75m）

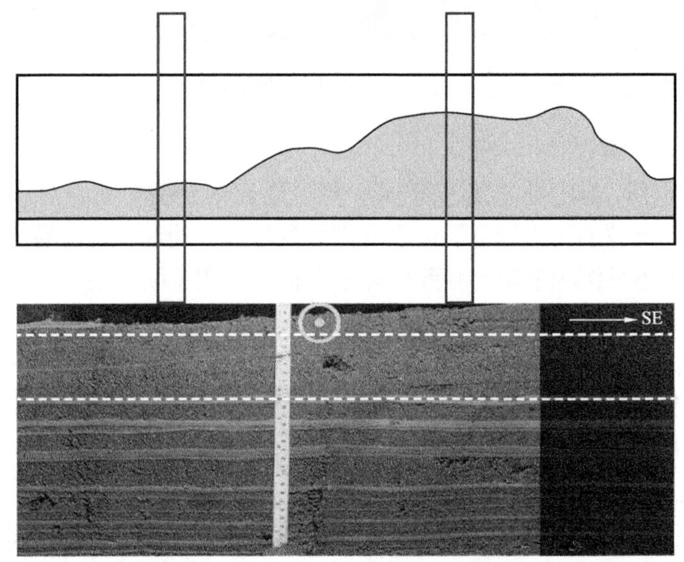

图 8-20　鄂尔多斯盆地陇东地区长 7 段沉积模拟实验砂体特征示意图
（Y=10m，X=1.75～2.25m）

6. 不同沉积期的相互切割砂体

随着沉积物不断向湖区充填，湖平面下降，水流集中，流速增大，纵向进积为主，砂体在入湖向前延伸不远处较发育，早期沉积体或局部保留，或被侵蚀改道，沉积物重新分配，造成砂体垂向叠置，不同沉积期砂体叠置沉积、相互连通（图 8-23）。

从长 7_2 亚段—长 7_1 亚段伴随相对湖平面下降，砂体沉积期次性、层次性明显。重力流砂体沉积的期次性与湖平面升降、沉积物的下蚀作用、浊积水道的变迁等因素密切相关。从实验可以看到，湖侵期及高位期，湖泊面积较大，河流的充填与湖平面的上升基本处于平衡状态，水道因湖面向上波动，再加上河流在入湖处的堆积，使河道易迁移改道，河流带来的沉积物可在湖区较大范围内沉积，期次性明显。低位期，湖泊大面积收缩，河流下切及侧向侵蚀作用较强，对前期形成的砂体改造较大，砂体沉积范围较局限，砂体的沉积厚度较大。

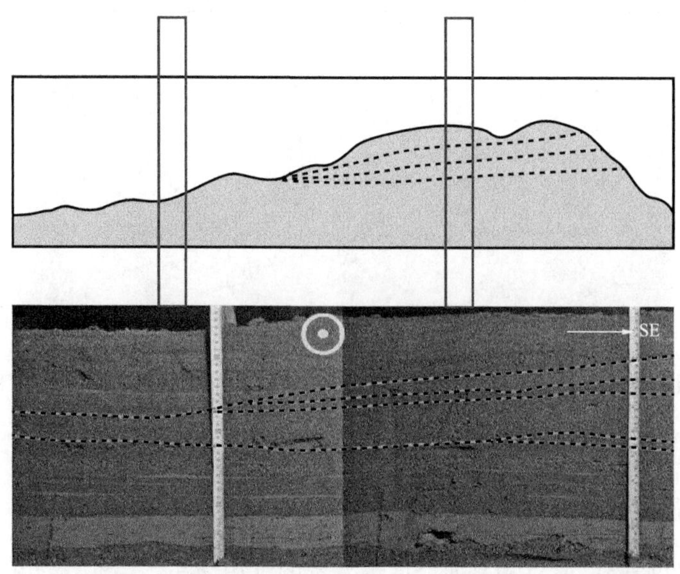

图 8-21 鄂尔多斯盆地陇东地区长 7 段沉积模拟实验砂体特征示意图
（Y=9m，X=2～2.75m）

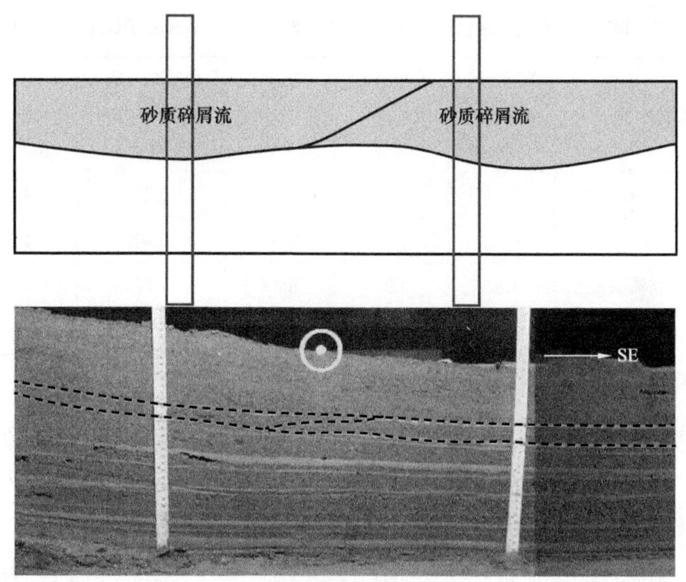

图 8-22 鄂尔多斯盆地陇东地区长 7 段沉积模拟实验同一沉积期的相互切割砂体示意图
（Y=10.5m，X=3～3.5m）

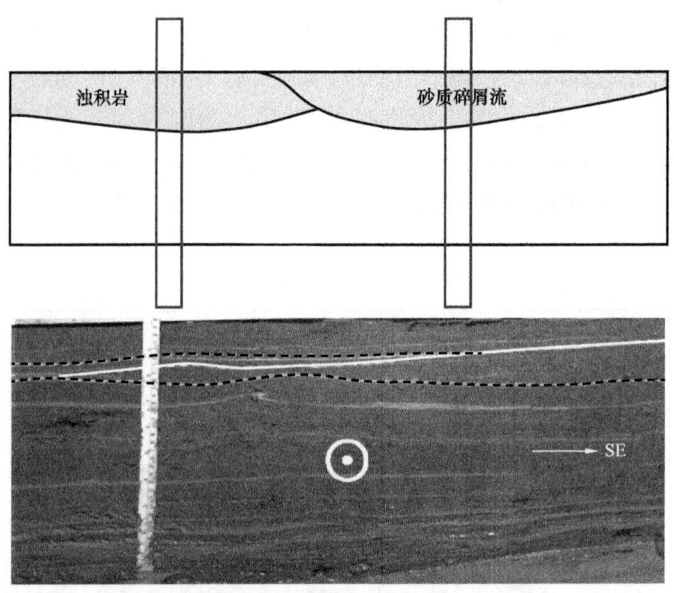

图 8-23　鄂尔多斯盆地陇东地区长 7 段沉积模拟实验砂体特征示意图
（Y=11.5m，X=4.25～4.75m）

四、重力流实验沉积厚度特征

实验条件下砂质碎屑流沉积是研究区最发育的沉积微相，呈块状沉积。单层沉积厚度最大可达 10.44cm，浊流沉积单层厚度数毫米到几厘米，最厚沉积厚度为长 7_1 亚段浊流沉积 4.86cm（表 8-3）。

表 8-3　陇东地区延长组长 7 段重力流实验模拟砂体单层沉积厚度统计表

沉积期	沉积类型	单层最小沉积厚度（cm）	单层平均沉积厚度（cm）	单层最大沉积厚度（cm）	换算成实际单层最小沉积厚度（m）	换算成实际平均沉积厚度（m）	换算成实际单层最大沉积厚度（m）
长 7_2（1）	砂质碎屑流沉积	2.23	4.44	10.23	2.23	4.44	10.23
长 7_2（1）	浊流沉积	0.42	1.26	3.63	0.42	1.26	3.63
长 7_2（2）	砂质碎屑流沉积	1.86	4.01	8.65	1.86	4.01	8.65
长 7_2（2）	浊流沉积	0.38	1.12	4.21	0.38	1.12	4.21
长 7_1（1）	砂质碎屑流沉积	2.38	3.86	10.44	2.38	6.56	10.44
长 7_1（1）	浊流沉积	0.51	1.62	4.86	0.51	1.62	4.86
长 7_1（2）	砂质碎屑流沉积	2.12	3.92	10.23	2.12	3.92	10.23
长 7_1（2）	浊流沉积	0.48	1.32	4.13	0.48	1.32	4.13
长 7_1（3）	砂质碎屑流沉积	2.15	3.66	9.32	2.15	3.66	9.32
长 7_1（3）	浊流沉积	0.24	0.98	3.96	0.24	0.98	3.96

五、重力流砂体平面展布特征

1. 长 7_2 亚段砂体平面展布特征

长 7_2 亚段沉积期湖泊面积比长 7_3 亚段沉积期有所减小，湖线向南退移，三角洲的规模和面积相应增加。半深湖—深湖线在盆地西北部闭合，分布在黄龙—甘泉—志丹—吴起—定边—郭庄子—山城—环县—镇原—旬邑以内的区域，依然呈南北不对称分布，南部的面积大于北部，其中在西南和东南部发育面积较大的重力流；滨浅湖线在盆地北部沿盟 6 井—城川—青阳岔—永坪—延川分布，西南部的滨浅湖线在研究区之外。

长 7_2 亚段沉积期的三角洲渐成规模，分布面积明显比长 7_3 亚段沉积期广泛，与长 7_3 亚段沉积期此区域的三角洲相对规模有所增大，向北偏移至盐池、定边，西北物源，砂体厚度 5～13m，砂地比主要集中在 40%～55%，呈鸟足状展布，前端砂体延伸至深湖区，发育重力流，规模较小。

盆地西南镇原三角洲、崇信三角洲和庆阳三角洲：西南物源，半深湖—深湖线的北移，三角洲前缘面积稍有增多；物源充足，水动力条件足够，使得入深湖的重力流面积加大并于盆地东北部的重力流砂体衔接于盆地中心，片状分布，砂体厚度为 3～21m，砂地比主要集中在 40%～58%。

盆地南部长武—宁县三角洲和旬邑—正宁重力流：南部物源，长武—宁县三角洲前缘迅速入湖，发育重力流与旬邑—正宁重力流砂体相连，继续延伸与东北和西南的重力流砂体连接呈片状，砂体厚度集中分布在 5～25m。

盆地东南延长—富县三角洲：东北物源，独立发育，三角洲前缘砂体在崂山—牛武—小寺庄一线入深湖，砂体厚度为 8～20m，砂地比值多为 40%～65%。

通过对研究区重力流砂体沉积的实验模拟表明，四个物源砂体在湖区交汇，其中以南部物源砂体沉积厚度较大，属于有利储层分布区域。砂体沉积厚度及分布趋势与实际吻合（图 8-24）。

2. 长 7_1 亚段砂体平面展布特征

长 7_1 亚段沉积期湖泊面积继续减小，湖线向南和西北方向推移，三角洲的规模达到长 7 段沉积期的最大范围，三角洲平原首次延伸至盆地西北方向。半深湖—深湖线在盆地西北部闭合，并进一步向南收缩分布范围，集中在黄龙—下寺湾—义正—长官庙—王洼子—摆宴井—环县—太平—太昌—旬邑以内的区域，南部的面积稍微大于北部，浊积扇也很发育；滨浅湖线在盆地北部沿马儿庄北—盐池北—堆子梁南—席麻湾—寺湾—延川分布，西南部的滨浅湖线在研究区之外。

盆地南部彬县—宁县和旬邑—正宁重力流：南部物源，两支重力流沉积砂体在关家川汇合连成片状，继续延伸与东北、西部、西南部浊积扇衔接，展布面积较大，砂体厚度集中分布在 7～25m，砂地比主要集中在 40%～60%。

盆地东南延长—富县三角洲：东北物源，呈条带状发育，三角洲前缘砂体厚度集中分布为 7～21m，砂地比在 40%～60%，砂体继续向前延伸入深湖，重力流砂体沉积厚度 10～21m，砂地比集中在 40%～58%。

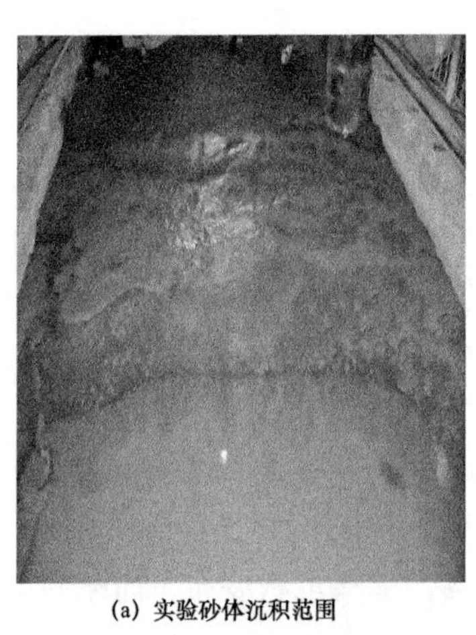

(a) 实验砂体沉积范围

(b) 实验砂体厚度等值线图

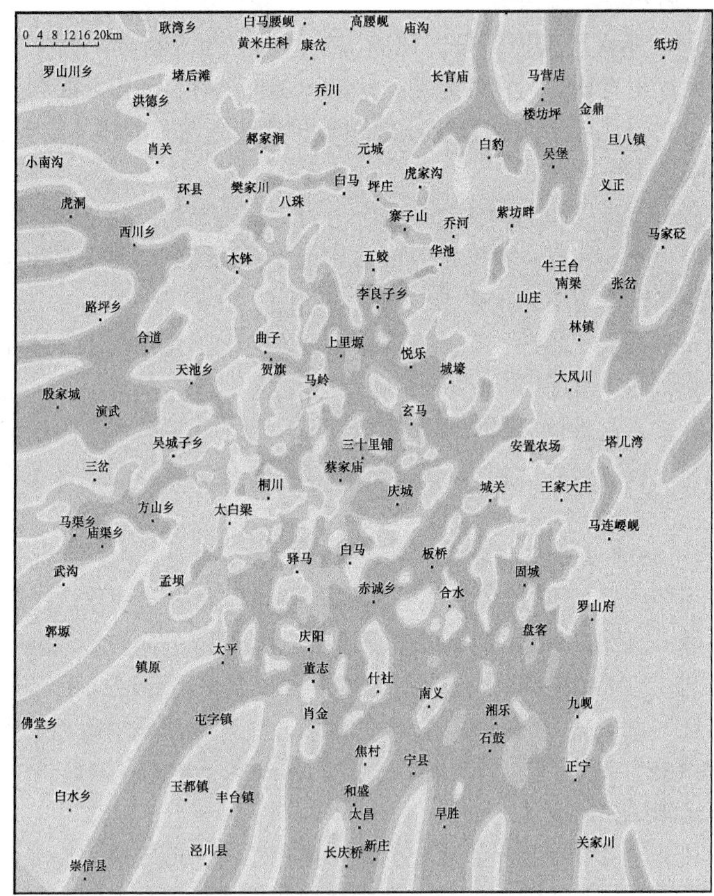

(c) 实际砂体厚度等值线图

图 8-24 鄂尔多斯盆地陇东地区长 7_2 亚段实验砂体和实际砂体分布范围图

长 7 段从早期沉积到晚期沉积，盆地湖相面积在逐渐减缩，三角洲面积不断增加，砂体延伸越来越远，发育在湖相中的浊积扇规模增大，衔接性增强。

重力流砂体不断向湖区延伸，湖区是有利储层分布区域；砂体沉积厚度及分布趋势与实际吻合（图 8–25）。

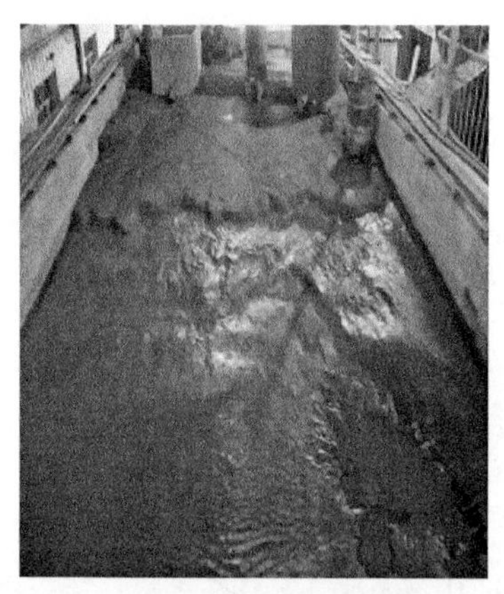

(a) 实验砂体沉积范围

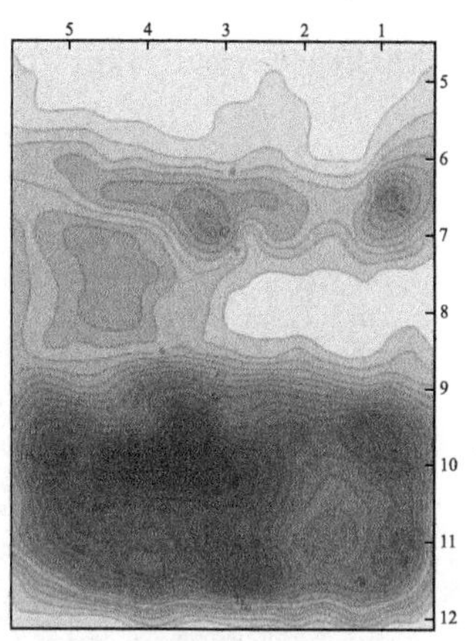

(b) 实验砂体厚度等值线图

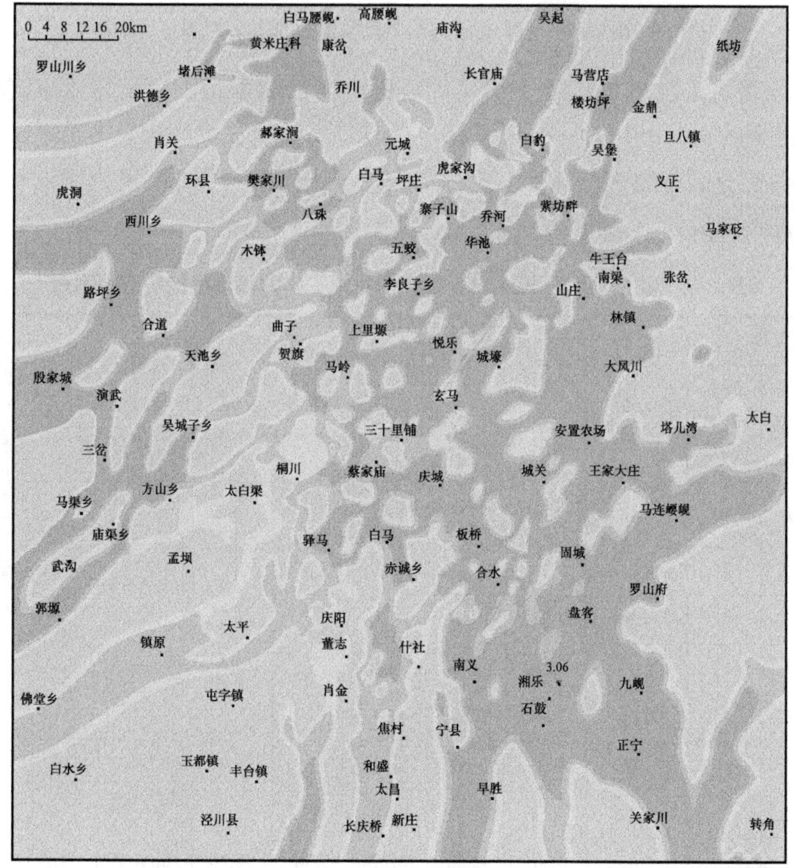

(c) 实际砂体厚度等值线图

图 8–25　鄂尔多斯盆地陇东地区长 7 段沉积模拟实验长 7_1 亚段实验砂体和实际砂体分布范围图

实验现象表明，构造沉降量、原始底形（地貌）、三角洲前缘倾斜的坡度（陡峭、平缓）及湖水位变化是影响砂体形成、发育与演化的主要控制因素。在缓坡水浅的背景下摩擦力作用以及水流表面分力加强，有利于砂体向湖推进，砂体向较远处辐射分布。浅水缓坡相对深水陡坡处形成的砂体分选好，分布范围广，沉积厚度薄（图 8–26）。

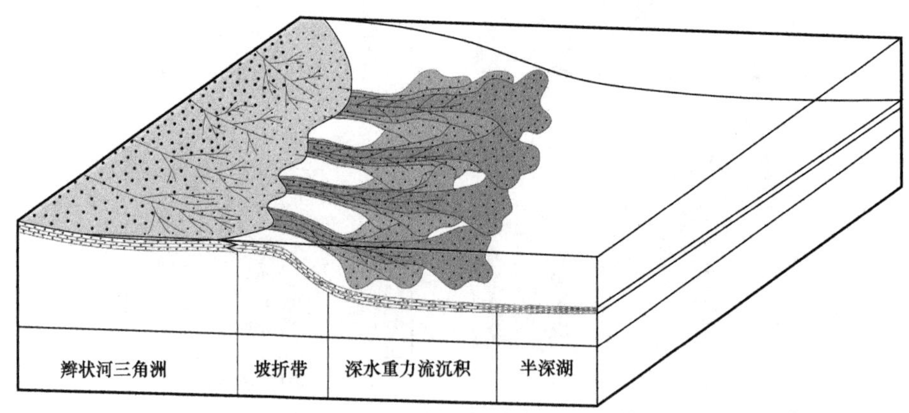

图 8–26　陇东地区延长组长 7 段实验砂体沉积模式示意图

实验统计表明（表 8–4），重力流不同成因类型砂体形态不同，与浊流沉积相比，砂质碎屑流沉积具有砂体长厚比、宽厚比较小的特征。通过详细的测量、计算，建立了重力流砂体横纵向发育展布的演化规律，使得室内模拟结果与野外露头和地下储层有更准确的可比性，提高勘探成功率，指导油气开发。

表 8–4　陇东地区延长组长 7 段沉积模拟实验单砂体参数对应关系表

砂体成因类型	实验砂体									实际砂体		
	最大长度（cm）	最大宽度（cm）	最大厚度（cm）	长宽比	长厚比	宽厚比	平均长宽比	平均长厚比	平均宽厚比	实际长宽比	实际长厚比	实际宽厚比
砂质碎屑流沉积	278	34	4.44	8.18	27.17	3.32	8.9	33.78	3.99	5～30	10～80	3～80
	187	26	4.01	7.97	33.18	4.16						
	372	37	6.56	7.91	35.63	4.5						
	454	41	2.92	14.65	44.38	3.03						
	266	46	3.66	5.78	28.54	4.94						
浊流沉积	114	17	1.26	4.22	31.4	7.44	5.86	34.26	5.06	2～20	20～150	5～100
	134	11	1.12	5.15	31.83	6.18						
	162	23	1.62	4.91	33.33	6.79						
	147	26	1.32	5.65	35.59	6.3						
	155	19	0.96	5.34	39.14	7.32						

第九章　重力流砂体分布的主要控制因素及实验结果对比

第一节　重力流砂体分布的主要控制因素

重力流砂体的分布主要受湖盆底形、湖水位及流动强度、泥沙组成、来水特征及物源的控制。因此，砂体主要控制因素为：沉积边界是基础、沉积机制是核心、沉积水动力是关键。

一、湖盆底形控制重力流砂体的形成与展布

重力流进入深湖后，如果湖底地形平坦时，沉积物平面分布就比较均匀，形成面积比较大的沉积砂体，平面形态上砂体沉积范围比较广；当湖底地形不平坦而存在底床小隆起或小凹陷时，重力流砂体通常具有爬坡的功能，爬坡前能量积蓄较大，爬坡时对斜坡具有一定的刻蚀作用，刻蚀槽往往被后面的砂质沉积物所充填，在洪水型浊流沉积物的底部常常留下突起的砂脊，该砂脊的凸出方向一般与砂体的流动方向相一致。

局部凸起的地形沉积厚度较小；局部凹陷的地形沉积厚度较大在（图 9-1）。长 7_2 亚段沉积期，大部分砂体沿坡折带沉积；长 7_1 亚段沉积期，砂体就会继续向湖区中心沉积。

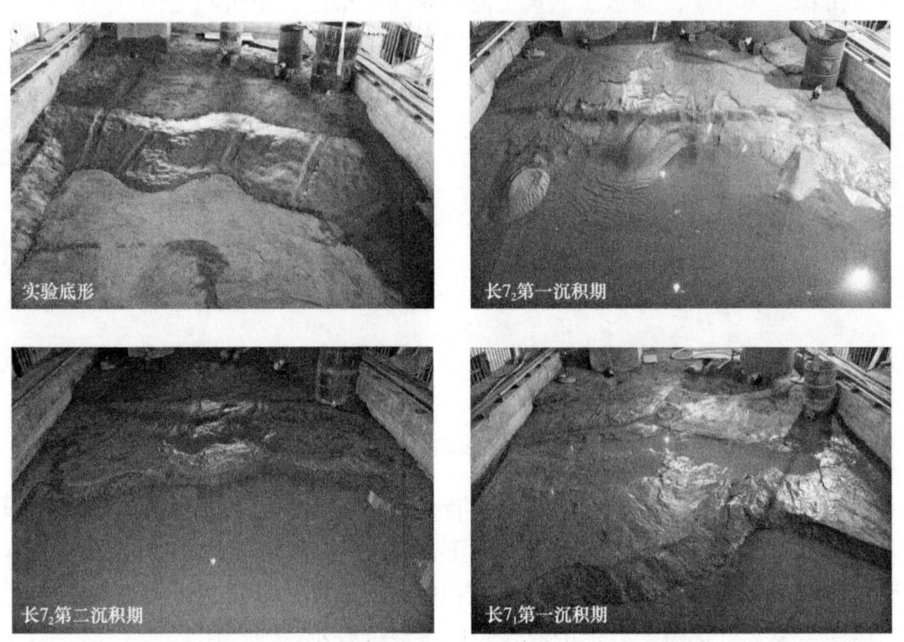

图 9-1　鄂尔多斯盆地陇东地区长 7 段沉积模拟实验不同的湖盆底形的沉积结果

局部凸起的地形沉积厚度较小；局部凹陷的地形沉积厚度较大。长 7_2 亚段沉积期，大部分砂体沿坡折带沉积；长 7_1 亚段沉积期，砂体就会继续向湖区中心沉积。

在坡折区，不平坦的斜坡地形砂体分布不均匀。砂质碎屑流主要沉积在坡折带，横向连通性差。而在深湖区，相对平坦的湖底地形有利于重力流砂体的均匀分布，形成面积较大的重力流沉积体，浊流主要沉积在深湖区（图 9–2）。

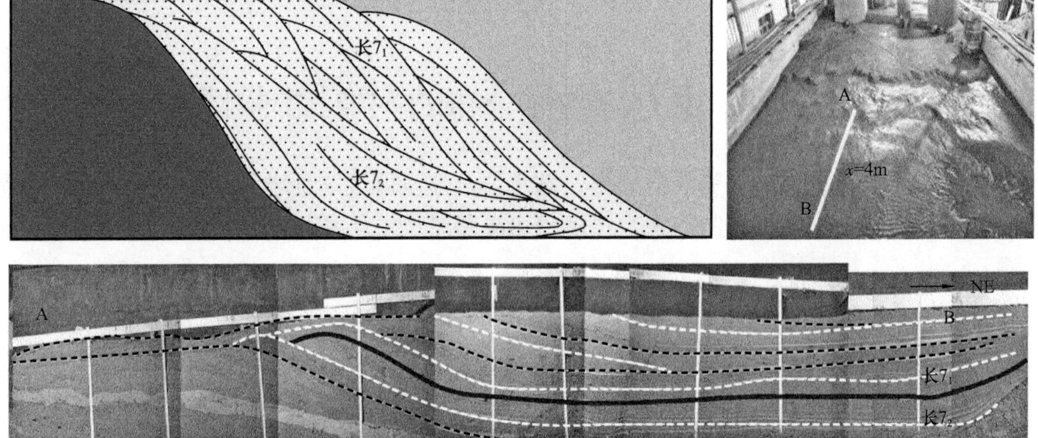

图 9–2　鄂尔多斯盆地陇东地区长 7 段沉积模拟实验不同的湖盆底形的沉积结果

二、湖水位及流动强度决定砂体的空间位置及规模

湖水位控制重力流砂体沉积的可容纳空间大小及位置。湖水位高重力流砂体主要堆积在斜坡区，沉积范围较小。湖水位低重力流砂体向前推进，所沉积范围变大（图 9–3）。

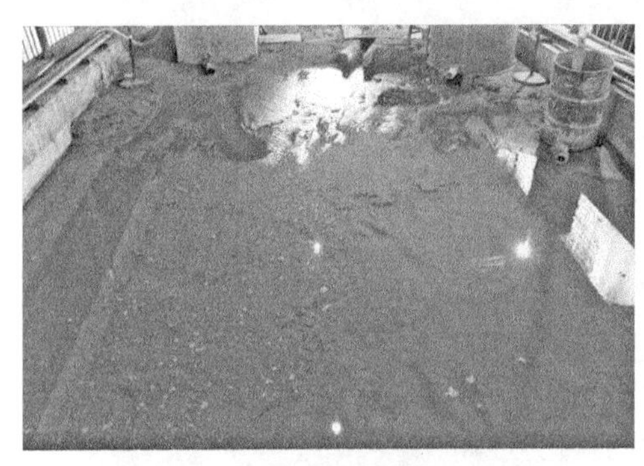

(a) 长7_2亚段沉积期湖水位57.5cm

(b) 长7_1亚段沉积期湖水位53cm

图 9–3　鄂尔多斯盆地陇东地区长 7 段沉积模拟实验不同的湖水位变化的沉积结果

湖水位的高低，直接影响重力流砂体发育规模的大小。湖水位越高，砂体沉积厚度较大，所形成的平面范围较小，湖区和斜坡区下部是浊流砂体的主要发育部位，砂体的前缘及侧缘坡度比较大；湖水位低，浊流砂体沉积厚度比较小，所形成的平面范围大，湖区是重力流砂体的主要发育部位，砂体的前缘及侧缘坡度较小。

流动强度决定重力流砂体的沉积规模。初始流速大，在重力影响下，沉积物纵向搬运距离远，发育规模大。

搅拌充分的洪水物质注入静止湖区水体的初始流速越大，在惯性影响下进入湖区的洪水碎屑物质多，重力流流砂体形成的规模大，沉积的厚度也大；反之，搅拌充分的洪水物质注入静止湖区水体的初始流速小，在惯性影响下进入湖区的洪水碎屑物质少，重力流砂体形成的规模比较小（图 9–4）。

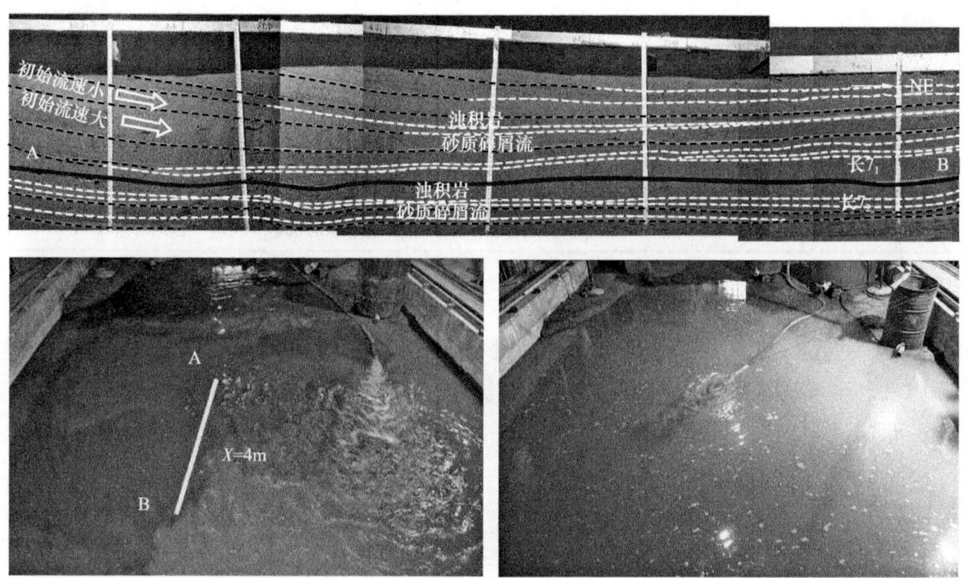

图 9–4　鄂尔多斯盆地陇东地区长 7 段沉积模拟实验不同的初始流速变化的沉积结果

三、泥沙组成及浓度决定重力流沉积的流动机制及演化

泥沙含量对重力流的形成及发育有一定影响。在其他条件相同的情况下，砂质颗粒比较容易形成砂质碎屑流，它所要求的坡度和高差相对较小，滑动速度也比较快，当泥沙混杂时，砂质颗粒往往形成碎屑流的头部并与碎屑流主体分离开来，构成对底床的强烈侵蚀；泥质颗粒由于具有较强的黏结力，发育碎屑流时一般需要的坡度和高差比粗颗粒要大，滑动速度比砂质颗粒小。

泥沙级配统计结果表明（表 9–1），实验中砂质碎屑流的平均浓度为 28.58%，而浊流的平均浓度为 17.11%。砂质碎屑流的砂质含量远高于浊流，但其泥质含量却约为前者一半。这是因为砂质碎屑流为整体冻结搬运方式、块状沉积；而浊流是一种在水体底部形成的高速紊流状态的混浊的流体，是水和大量呈自悬浮的沉积物质混合成的一种密度流，也是一种由重力作用推动成涌浪状前进的重力流，其必须要有一定量的泥质颗粒才能为浊流搬运过程提供支撑力。

表 9-1　鄂尔多斯盆地陇东地区长 7 段沉积模拟实验泥沙级配统计表

沉积类型	物源	加砂体积（m³）	加砂组成（m³）
砂质碎屑流	1	0.125	0.092 细砂 +0.0298 粉砂 +0.0032 泥
砂质碎屑流	2	0.125	0.092 细砂 +0.0298 粉砂 +0.0032 泥
砂质碎屑流	3	0.125	0.092 细砂 +0.0298 粉砂 +0.0032 泥
砂质碎屑流	4	0.1322	0.0992 细砂 +0.0298 粉砂 +0.0032 泥
浊流	1	0.1178	0.018 细砂 +0.0998 粉砂 +0.0072 泥
浊流	2	0.1178	0.018 细砂 +0.0998 粉砂 +0.0072 泥
浊流	3	0.1178	0.018 细砂 +0.0998 粉砂 +0.0072 泥
浊流	4	0.1178	0.018 细砂 +0.0998 粉砂 +0.0072 泥

碎屑流能否发育并不主要取决于流量大小，更主要取决于水流中的含砂浓度，只有当坡折带上含砂量达到 20% 以上时，才可能形成颗粒沿斜坡带的滑动并发育碎屑流，含砂量低于 20%，改变其他变量对碎屑流的发育影响不大，因此水流中含砂量比较低时只能形成浊流，而这两类搬运机制和沉积特征是完全不同的重力流（图 9–5）。

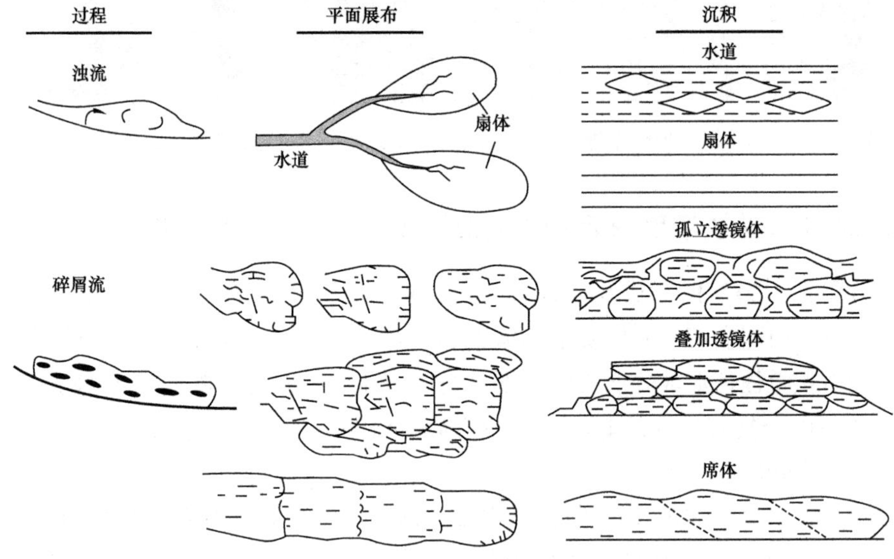

图 9–5　浊流与碎屑流的平面展布和剖面特征（据 Shanmugam，2000）

实验结果表明，泥砂含量 10% 大致是低密度浊流的上限；10%～25% 是高密度浊流的范围，而大于 20% 或 25% 则属于砂质碎屑流的范畴（表 9–2）。碎屑流是高浓度的沉积物分散体。碎屑流能否发生并不取决于流量大小更取决于水流中含砂浓度，只有当含砂量达到 20% 以上时，才可以形成颗粒沿坡折带的滑动并发育碎屑流。浊流是由湍流支撑的水体底部的浑浊流。实验中以细砂、粉砂和泥按不同比例组合，平均浓度约 17.11% 模拟浊流。

表 9-2　鄂尔多斯盆地陇东地区长 7 段沉积模拟实验中不同沉积类型的颗粒组成统计表

沉积类型	平均加砂体积（m^3/次）	平均加砂组成（m^3/次）	平均浓度（%）
砂质碎屑流	0.125	0.092 细砂 +0.0298 粉砂 +0.0032 泥	28.58
浊流	0.1178	0.018 细砂 +0.0998 粉砂 +0.0072 泥	17.11

泥沙组成及浓度决定重力流的沉积的流动机制，浊流必须要有一定数量的泥级颗粒。实验表明只有当含砂量达到 20% 以上，平均浓度 28.58%，才可以形成砂质碎屑流沉积。浓度范围 12%～20%，平均浓度为 17.11% 是浊流沉积发育的条件。顺物源方向砂质碎屑流沉积逐渐向前演化为浊流沉积（图 9-6）。

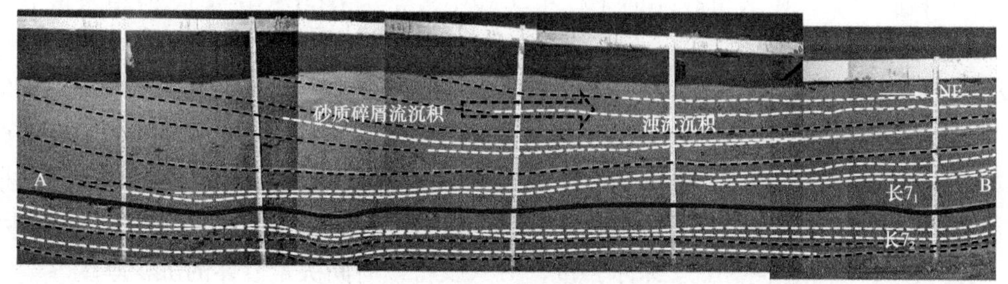

图 9-6　顺物源方向砂质碎屑流沉积逐渐向前演化为浊流沉积

必须指出的是，泥砂含量对重力流的形成提供了物质基础，但并非砂质含量高就一定形成砂质碎屑流。

四、来水特征控制砂体厚度及垂向叠置

来水强度直接决定重力流砂体的沉积物供给量与沉积厚度，与重力流砂体沉积类型呈对应关系。实验表明不同强度的来水特征组合直接造成重力流砂体垂向叠置与分异。实验中模拟砂质碎屑流为高强度泵注，浊流沉积为低强度泵注。

不同来水组合方式特征控制砂体垂向叠置（图 9-7）。在坡缓背景下，不同的来水特征对砂体作用影响不同，特别是水量的大小，决定了后期砂体切割前一期砂体的能力，进一步决定了其在沉积过程中的作用。当来水充分时（高强度泵注），浊积水道易多股分流，区域过水面积较大，各沉积砂体入湖沉积更容易切割前一沉积期砂体，形成砂体相互叠置，使得砂体大面积分布。当来水不足时，河道局限性，以侵蚀切割为主，对前期沉积的砂体进行改造，可使原本相隔的砂体连通。因此，来水的充分与不足的有机组合可造成大面积砂体连片。

（1）来水充分。在水量较大时（模拟流量为 0.00368m^3/s），浊积水道分支增多，多股水流携带泥沙全方位沿斜坡向湖区推进。由于水流强度较大、沉积物充足，沉积物整体搬运。沉积过程中不断切割前一沉积期砂体，并在侧向和垂向上叠置（图 9-7 中 B 型、E 型）。

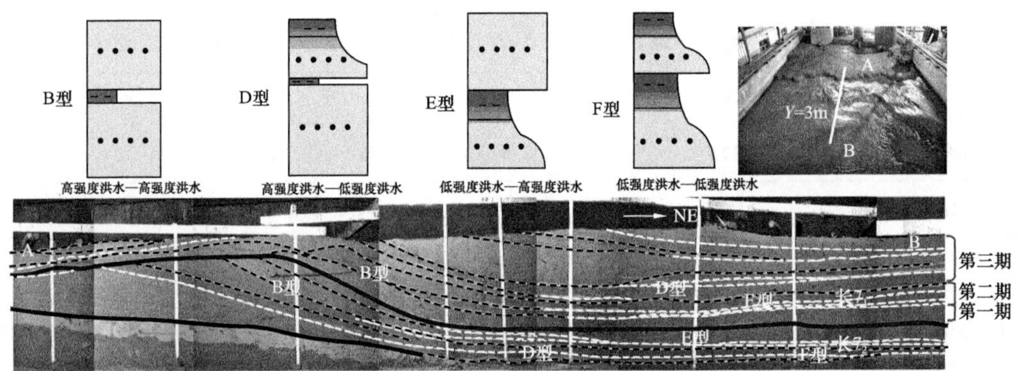

图 9-7　鄂尔多斯盆地陇东地区长 7 段沉积模拟实验砂体纵剖面图（X=3m，Y=4～11m 纵剖面）

（2）来水较少。在水量较小时（模拟实验中流量为 0.00261m^3/s），浊积水道分支较小，沿着斜坡沉积物靠水体紊流沉积，水流以改造作用为主，侵蚀切割前一沉积期砂体能力较弱。形成高密度浊流（图 9-7 中 D 型、F 型）。

在 X=3m，Y=4～11m 纵剖面可以明显看出，坡折带主要沉积 B 型砂体，湖区主要沉积 D、E、F 型砂体；在长 7_2 亚段沉积期，第一期砂体沉积最薄，第二期次之，第三期最厚，这跟实验条件来水强度、方式及持续时间有密切关系（表 9-3）。因此，不同来水组合方式特征控制砂体垂向叠置。来水强度、方式及持续时间决定砂体的沉积厚度。

表 9-3　陇东地区延长组长 7_2 亚段沉积期实验模拟水动力参数设计表

实验轮次		来水过程	历时（min）	流量（m^3/s）	含砂浓度（%）	湖水位（cm）
长 7_2 沉积期	第一沉积期	高强度泵注	23.5	0.00366	32.4	51.8～49.5
		低强度泵注	20.6	0.00261	18.5	48.0～57.0
		低强度泵注	29.1	0.00261	17.1	47.0～46.0
	第二沉积期	高强度泵注	29.7	0.00342	30.2	45
		低强度泵注	37.9	0.00269	10.2	46.0～44.5
	第三沉积期	高强度泵注	37.3	0.0031	28.9	44.5
		低强度泵注	28.3	0.00264	20.7	44
		低强度泵注	21.4	0.00265	20.2	43

五、物源交会决定重力流的横向连通

多物源交会，各物源重力流沉积砂体伴随沉积过程的不断进行，各沉积产物会相互侵入、交会、切割。造成横向上重力流砂体连通性增强。不同沉积体系的交互叠置，可进一步扩大砂体的连续性。同期的不同来源同一物源的分支供给体系，在演化过程中由于各体系的不断扩张而相互叠置，此时各体系内的砂体便有可能连接而扩大砂体面积。

物源 1 与物源 2 在 y=7～12m，x=4～5m 处交会叠合，2 物源区与 3 物源区在 y=7～12m，x=3～3.5m 处交会叠合，同时 3 物源区与 4 物源区在 y=7～12m，x=2～3m 处

交会叠合（图 9-8）。

叠合区泥岩发育较差，这样将进一步增大砂岩发育面积从而形成连片砂体，致使整个湖盆砂体连续性好。

模拟实验中物源 1 与物源 2 交会叠合（图 9-8），交会角约 40°，叠合区沉积厚度相对较厚，泥岩在叠合中部较发育，向两侧倾尖灭，夹于泥岩间的薄砂体连通物源 1 与物源 2 砂体（图 9-9a）。

图 9-8　鄂尔多斯盆地陇东地区长 7 段沉积模拟实验条件下物源交会区示意图

物源 2 与物源 3 在交会区处以 30° 的交会角叠合，两物源的砂体连通，进一步增大砂岩发育面积，从而使整个湖盆四物源砂体相连（图 9-9b）。认为沉积体系的交会，扩大了砂体连片的面积。

物源 3 与物源 4 在交会区处以 30° 的交会角叠合，两物源的砂体相互切割，砂体之间被泥质隔开，连通性较差，并且沉积厚度相对较薄（图 9-9c）。

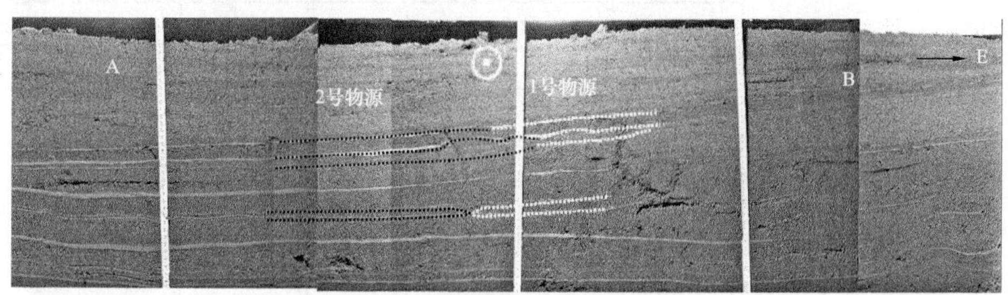

(a) 1号物源与2号物源交会沉积剖面图

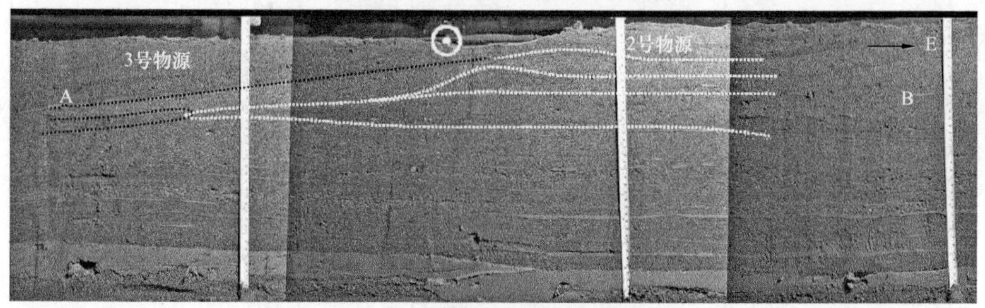

(b) 2号物源与3号物源交会沉积剖面图

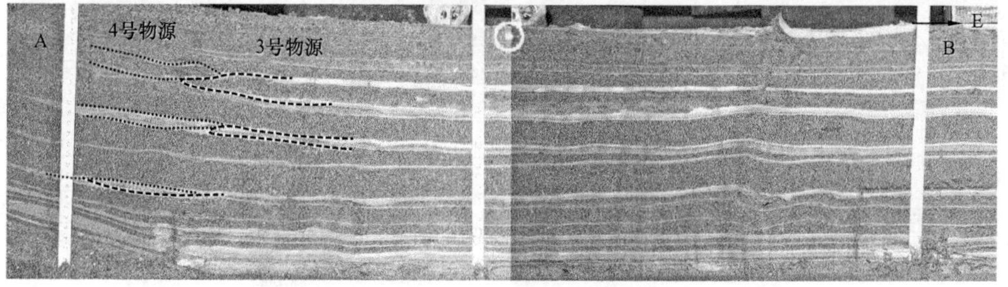

(c) 3号物源与4号物源交会沉积剖面图

图 9-9　鄂尔多斯盆地陇东地区长 7 段沉积模拟实验条件下物源交会区示意图

第二节　重力流沉积模拟实验结果对比

沉积过程的相似性决定了结果的相似性，也就是说，只要室内模拟过程与实际过程是相似的，那么实验结果就应与靶区原型砂体之间是相似的。因此，模型与原型的可比性是检验实验成功与失败的标准，也是重现沉积过程的关键，为此就单井对比、联井对比及砂体厚度对比等方面研究实验结果与原型之间的可比性。

一、单井对比

1. 西 195 井

西 195 井位于模拟研究区中部，长 7_1 亚段厚 35m，长 7_2 亚段厚 25m，发育沟道型重力流沉积，以砂质碎屑流沉积和浊流沉积沉积为主。长 7_2 亚段底部发育浊流沉积和原地沉积，以泥质粉砂岩或泥岩为主，上部发育一套细砂岩及泥质粉砂岩，以浊流沉积和砂质碎屑流沉积为主。长 7_1 亚段主要发育块状细砂岩，为砂质碎屑流夹浊流沉积（图 9–10）。

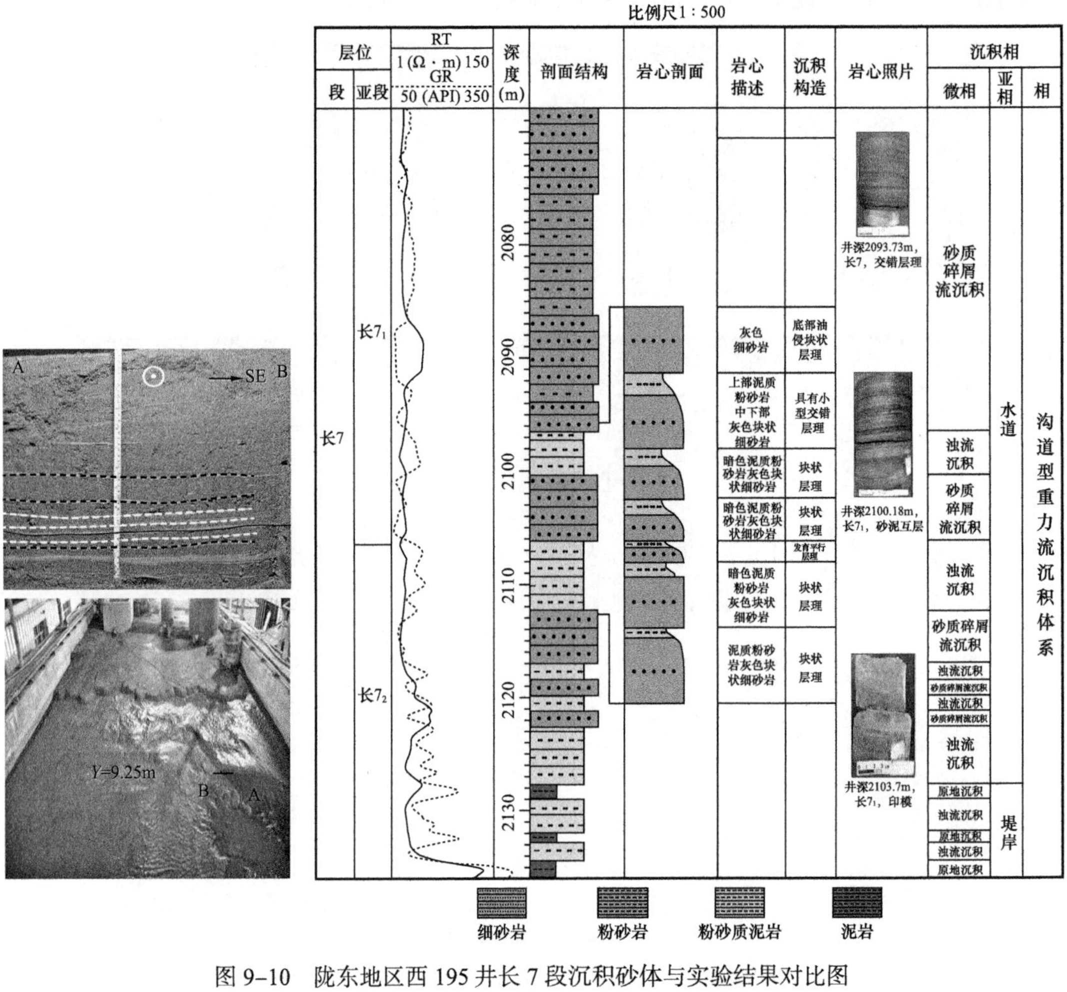

图 9–10　陇东地区西 195 井长 7 段沉积砂体与实验结果对比图

与沉积模拟实验相比，西 195 位于实验区的 X=2.20m，Y=9.25m 处，主要发育砂质碎屑流沉积和浊流沉积。长 7_2 亚段底部发育浊流沉积和深湖泥沉积，上部浊流沉积和砂质碎屑流沉积为主。长 7_1 亚段为砂质碎屑流夹浊流沉积，与实际吻合（图 9–10）。

2. 正 6 井

正 6 井位于模拟研究区东南部，长 7_1 亚段厚 33m，长 7_2 亚段厚 37m，发育沟道型重力流沉积和湖泊沉积，以砂质碎屑流沉积和浊流沉积为主。长 7_2 亚段底部发育浊流沉积，以粉砂岩为主，上部发育一套块状细砂岩及泥质粉砂岩，以浊流沉积和砂质碎屑流沉积为主。长 7_1 亚段主要发育块状细砂岩、泥质粉砂岩及泥岩，为砂质碎屑流夹半深湖泥沉积（图 5–11）。

与沉积模拟实验相比，正 6 井位于实验区的 X=4.20m，Y=9.25m 处，主要发育砂质碎屑流沉积和浊流沉积。长 7_2 亚段底部发育浊流沉积，上部浊流沉积和砂质碎屑流沉积为主。长 7_1 亚段为砂质碎屑流夹半深湖泥沉积，与实际吻合（图 9–11）。

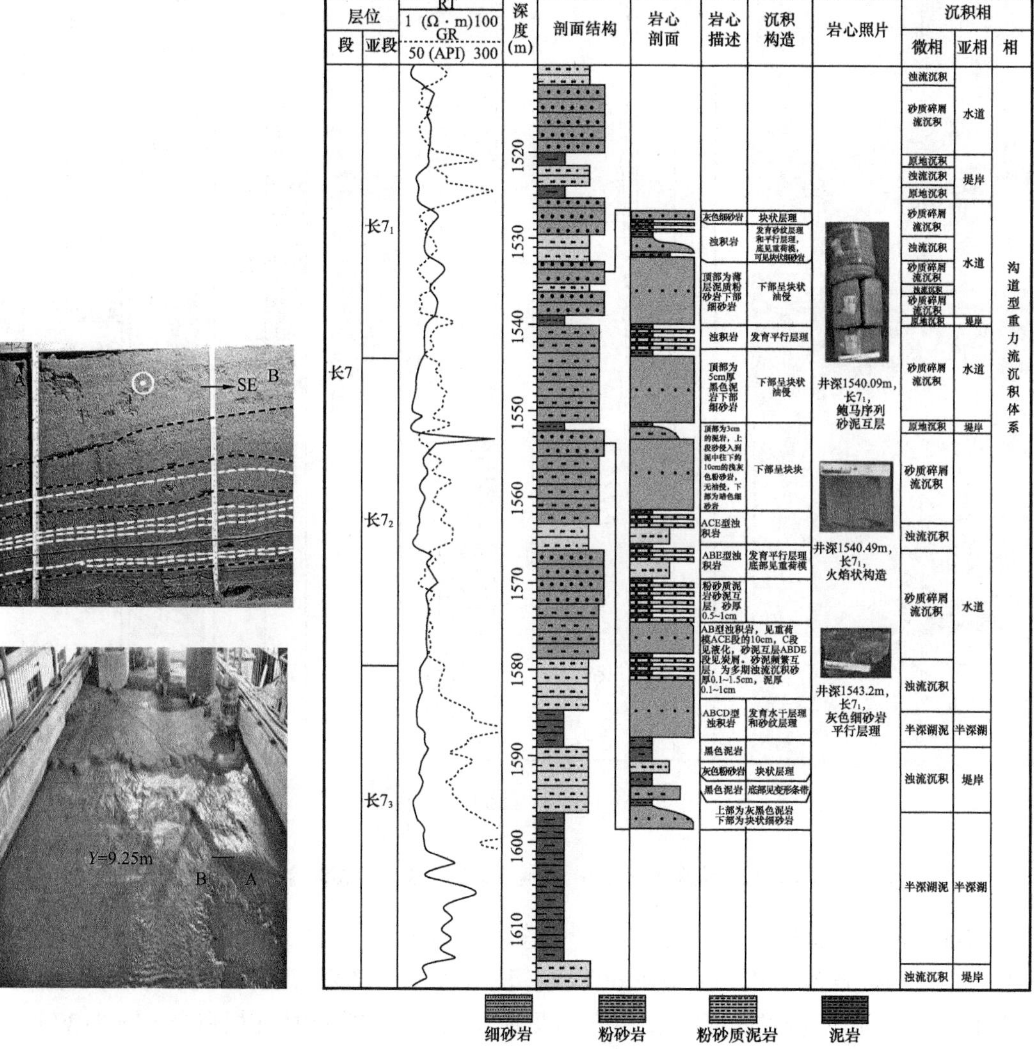

图 9–11 陇东地区正 6 井延长组长 7 段沉积砂体与实验结果对比图

3. 庄 61 井

庄 61 井位于模拟研究区东北部，长 7_1 亚段厚 32m，长 7_2 亚段厚 39m，发育沟道型重力流沉积，以砂质碎屑流沉积和浊流沉积为主。长 7_2 亚段底部发育浊流沉积与砂质碎屑流沉积砂体，以粉砂岩与块状细砂岩为主，上部发育泥质粉砂岩及泥岩，以浊流沉积为主。长 7_1 亚段主要发育块状细砂岩、泥质粉砂岩，为砂质碎屑流夹浊流沉积（图 9–12）。

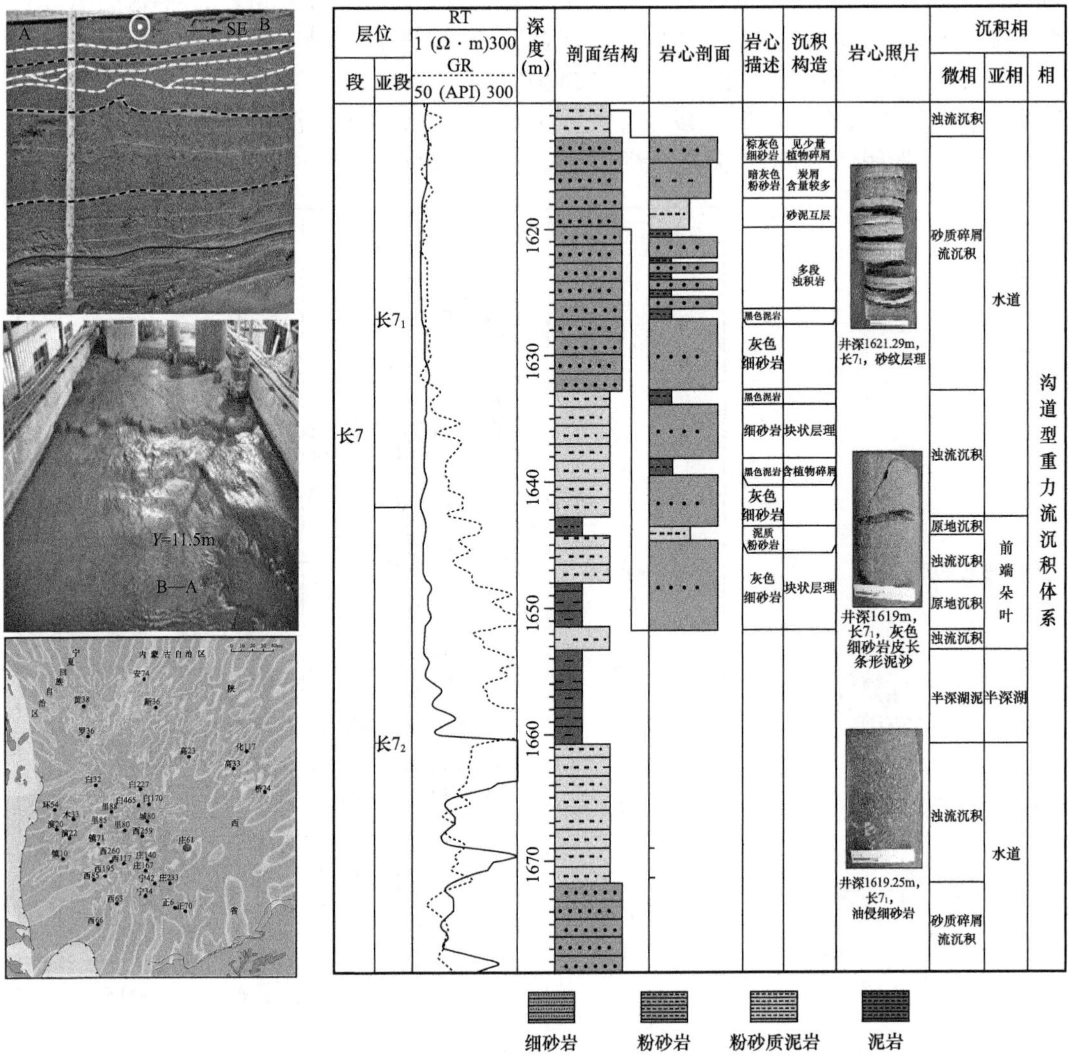

图 9–12　陇东地区庄 61 井延长组长 7 段沉积相综合柱状图

与沉积模拟实验相比，庄 61 井位于实验区的 X=5m，Y=11.5m 处，主要发育深湖亚相沉积，以砂质碎屑流沉积和浊流沉积为主。长 7_2 亚段底部发育浊流沉积，上部以浊流沉积为主。长 7_1 亚段为砂质碎屑流，局部可见浊流沉积，与实际情况相吻合（图 5–20）。

二、连井对比

1. 镇 249 井—里 79 井长 7_3—7_1 砂体连井剖面

镇 249 井—里 79 井位于模拟研究区中部，呈西南—东北向，在镇 249 井处于三角洲前缘，发育厚度较大水下河道砂体。在镇 70 井—里 79 井主要发育重力流沉积和湖泊沉积，多为砂质碎屑流沉积和浊流沉积砂体，砂质碎屑流砂体厚度较大，浊流砂体厚度较小。在长 7_2 亚段沉积期，主要以浊流沉积砂体和砂质碎屑流沉积砂体为主，沉积砂体厚度较小，砂体连通性较差。与长 7_2 亚段沉积期相比，长 7_1 亚段沉积期多见砂质碎屑流沉积，砂体沉积厚度较大，连通性较好（图 9–13）。

与沉积模拟实验相比，镇 249 井—里 79 井主要位于沉积模拟区中部（Y=3m，X=4～10m），在 X=4～5m 处，为三角洲前缘沉积，发育厚度较大水下河道砂体，砂体明显具有牵引流构造标志，在 X=6～10m 处，发育重力流沉积和湖泊沉积，多为砂质碎屑流沉积和浊流沉积砂体，砂质碎屑流砂体厚度较大，浊流砂体厚度较小。在长 7_2 亚段沉积期，主要以浊流沉积砂体和砂质碎屑流沉积砂体为主，沉积砂体厚度较小。与长 7_2 亚段沉积期相比，长 7_1 亚段沉积期多见砂质碎屑流沉积，砂体沉积厚度较大，连通性较好，与实际相吻合。

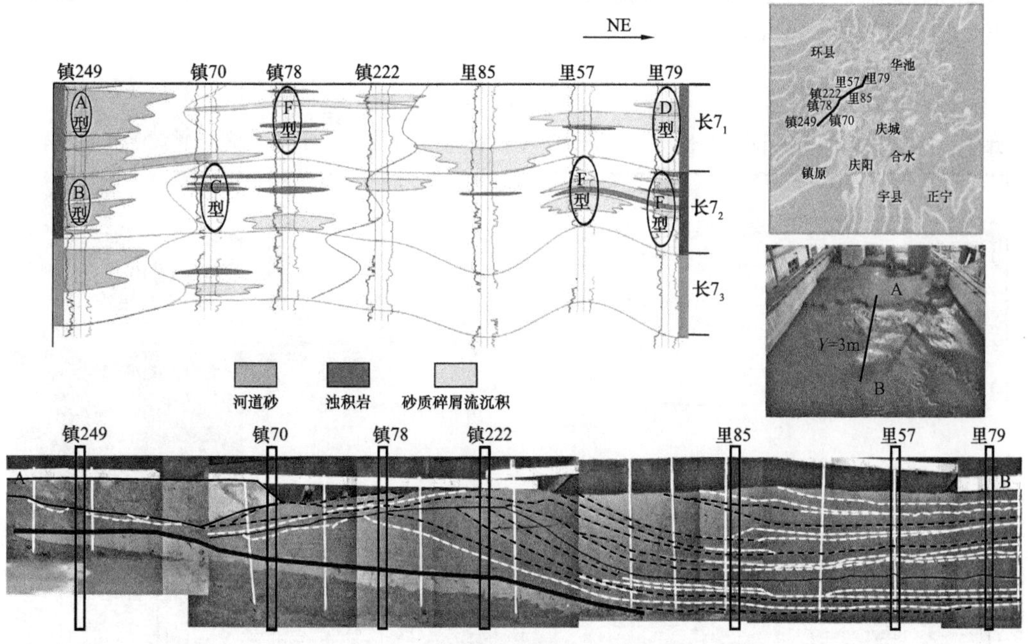

图 9–13　陇东地区镇 249 井—里 79 井长 7_3 亚段—7_1 亚段砂体结构剖面与沉积模拟示意图

2. 环 62 井—庄 62 井长 7_3 亚段—7_1 亚段砂体连井剖面

环 62 井—庄 62 井位于模拟研究区东北部，呈西北—东南向，在环 62 井—庄 62 发育重力流沉积和湖泊沉积，多为砂质碎屑流沉积和浊流沉积砂体，砂质碎屑流砂体厚度较大，浊流砂体厚度较小。在长 7_2 亚段沉积期，主要以浊流沉积砂体和砂质碎屑流沉积砂体为主，沉积砂体厚度较小，砂体连通性差。与长 7_2 亚段沉积期相比，长 7_1 亚段沉积期多见砂质碎屑流沉积，砂体沉积厚度较大，连通性较好，并在白137井—庄62井砂质碎屑流与浊流沉积砂体发育最好，连通性最佳（图9-14）。

与沉积模拟实验相比，镇249井—里79井主要位于沉积模拟区中部（Y=0～6m，X=11m），在 Y=0～3m处，为半深湖—深湖亚相沉积，发育厚度较小砂质碎屑流沉积砂体与浊流沉积砂体，砂体明显具有牵引流构造标志，在 Y=3～6m处，主要发育重力流沉积，多为砂质碎屑流沉积和浊流沉积砂体，砂质碎屑流砂体厚度较大，浊流砂体厚度较小。在长 7_2 亚段沉积期，主要以浊流沉积砂体和砂质碎屑流沉积砂体为主，沉积砂体厚度较小。与长 7_2 亚段沉积期相比，长 7_1 亚段沉积期多见砂质碎屑流沉积，砂体沉积厚度较大，连通性较好，与实际相吻合。

3. 镇222—西169—城121—里79井栅状图

在实际单井、连井和沉积模拟单井、连井的对比基础上，建立了栅状图与沉积模拟实验剖面对比，其也具有良好的吻合性。长 7_2 亚段沉积期砂体沉积厚度较薄，连通性相对较差，以浊流沉积与砂质碎屑流沉积砂体为主，相对长 7_2 亚段沉积期，长 7_1 亚段沉积期砂体沉积厚度较大，多为砂质碎屑流沉积砂体，浊流沉积砂体次之，砂体连通性较好，是有利的砂体储层（图9-15）。

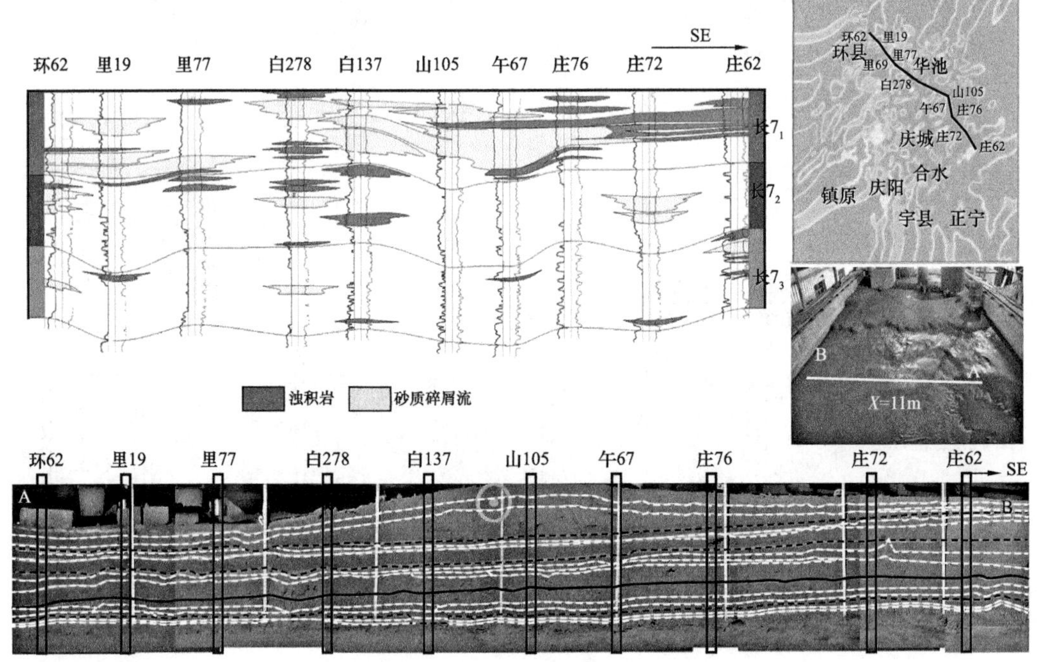

图9-14　陇东地区环62井—庄62井长 7_3 亚段—7_1 亚段砂体结构剖面与沉积模拟示意图

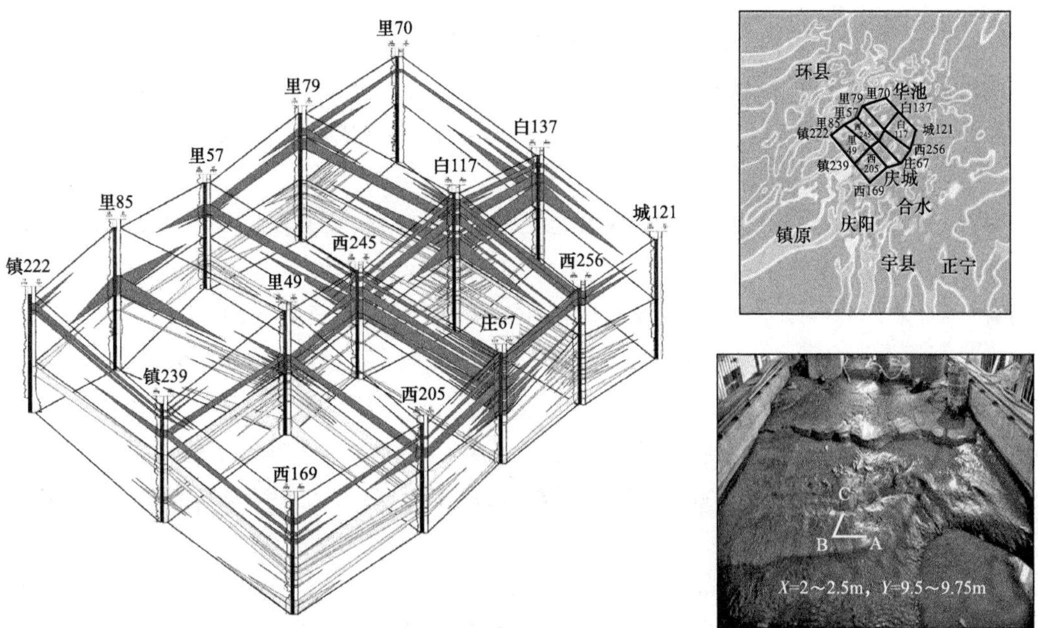

图 9-15　陇东地区延长组长 7 段镇 222—西 169—城 121—里 79 栅状图

参考文献

陈荷立，崔荫松，宋国初．1993. 临河坳陷泥岩压实与油气运聚条件研究．石油学报，（2）：32–43.

陈瑞银，罗晓容，陈占坤，等．2006. 鄂尔多斯盆地中生代地层剥蚀量估算及其地质意义．地质学报，（5）：685–693.

窦伟坦，田景春，徐小蓉，等．2005. 陇东地区延长组长 6—长 8 油层组成岩相研究．成都理工大学学报（自然科学版），（2）：129–132.

何自新，付金华，席胜利，等．2003. 苏里格大气田成藏地质特征．石油学报，（2）：6–12.

刘忠保，曹耀华，张春生，等．1994. 定床变弯度曲流河边滩的水槽模拟实验．江汉石油学院学报，（4）：34–38，45.

刘忠保，赖志云，汪崎生．1995. 湖泊三角洲砂体形成及演变的水槽实验初步研究．石油实验地质，34–41.

刘忠保，张春生，龚文平，等．2008. 牵引流砂质载荷沿陡坡滑动形成砂质碎屑流沉积模拟研究．石油天然气学报，30（6）：30–38，383.

Paul Weimer，P. Varnai，A. Navarro，等．1994. 墨西哥湾北部 Green 峡谷和 Ewing 滩地区下第三系浊积体系的层序地层学背景：初步成果 // 美国勘探地球物理学家学会第 64 届年会论文集．南京石油物探研究所：2.

孙肇才．1980. 鄂尔多斯盆地北部地质构造格局及前中生界的油气远景．石油学报，（3）：7–17.

吴胜和，冯增昭，张吉森．1994. 鄂尔多斯地区西缘及南缘中奥陶统平凉组重力流沉积．石油与天然气地质，（3）：226–234，271.

严云奎，安亚峰．2009. 鄂尔多斯盆地延长组地层的精细划分与对比——以川口油田北区为例．西北大学学报（自然科学版），39（2）：273–276.

杨华，牛小兵，罗顺社，等．2015. 鄂尔多斯盆地陇东地区长 7 段致密砂体重力流沉积模拟实验研究．地学前缘，22（3）：322–332.

张兵，谢又予．2000. 新疆苏木达依日列克河砂金富集规律研究．黄金，（3）：1–4.

赵俊兴，陈洪德，时志强．2001. 古地貌恢复技术方法及其研究意义——以鄂尔多斯盆地侏罗纪沉积前古地貌研究为例．成都理工学院学报，（3）：260–266.

赵俊兴，陈洪德，向芳．2003. 鄂尔多斯盆地中部延安地区中侏罗统延安组高分辨率层序地层研究．沉积学报，（2）：307–312，333.

赵霞飞．1982. 某些细砂和粉砂底形发育的水槽实验研究．成都地质学院学报，（4）：12–22.

赵重远，刘池洋，任战利．1990. 含油气盆地地质学及其研究中的系统工程．石油与天然气地质，（1）：108–113.

赵重远．1990. 华北克拉通盆地天然气赋存的地质背景．地球科学进展，（2）：40–42.

中国海洋湖沼学会海岸河流学会编．1985. 海岸河口区动力地貌沉积过程．北京：科学出版社，63–69.

中国科学院地理研究所，等．1985. 长江中下游河道特性及其演变．北京：科学出版社，78–82.

中国科学院地理研究所渭河研究组．1983. 渭河下游河流地貌．北京：科学出版社，230–236.

朱海虹，姚秉衡．1989. 云南断陷湖泊三角洲沉积及其在石油勘探中的意义．石油与天然气地质，（2）：

95–106.

朱筱敏，董艳蕾，郭长敏，等 . 2007. 歧口凹陷沙河街组一段层序格架和储层质量分析 . 沉积学报,25(6): 934–941.

Allen J R L. 1963. The classification of cross–stratified units withnotes on their origin. Sedimentology，1：93–114.

Allen J R L. 1984. Parallel lamination developed from upper–stage plane beds ：a model on the larger coherent structures of the turbulent boundary layer. Sediment，Geol.，39：227–242.

Allen J R L. 1982. Sedimentary Structures. Elsevier，Amsterdam，75–135.

Allen J. R. L.. 1979. Studies in Fluvial sedimentation ：bars，bar complexes and Sandstone sheets (low–sinuosity braided streams)，in the Brown–stone. Welsh Borders，Sedimentary geology，33：237–293.

Best J L. 1988. Sediment transport and bed morphology at riverchannel confluences. Sedimentology，35：481–498.

Bryant J D，Fint S S. 1993. Quantitative clastic reservoir geological modeling ：problem sand perspective，Spec. publs. Int. Ass. Sediment，15：315–323.

Collinson J D，Lewin J. 1983. Modern and ancient fluvial systems ：an introduction. Spec，publs. Int. Ass. Sediment，6：1–2.

Costello W R，Southard J B. 1981. Flume experiments on Low–fl ow–regime bed forms in coarse sand. sediment，Petrol.，51：849–864.

Crowley K D. 1983. Large–Scale Bed Configurations (Macro–forms)，Platte River Basin，Colorado and Nebraska ：Primary Structures and Formative Processes. Bull. Ged. Soc. Amer.，94：117–133.

Dietrich W E，Smith，J D，Dunne T. 1978. Flow and sediment transport in a sand bedded meander. Geology，87：305–315.

Dolan R，Howard A，Trimble B. 1978. Structural control of the rapids and pools of the Colorado river in the Grand Canyon. Science，202：629–631.

England W A，Mackenzie A S，Mann D M. et al. 1987. The movement and entrapment of petroleum fluids in the subsurface. Journal of the Geological Society ：London，144：327–347.

Gail M Ashley，John B Southard，Jon C Boothroyd. 1982. Deposition of climbing–ripple beds ：a flume simulation. Sedimentology. 29 (1) ：67–79. DOI ：10.1111/j.1365–3091.1982.tb01709.x.

Galloway O. 1986. Reservoir facies architecture of micro–tidal barrier system. AAPG ：70：321–332.

Geehan G，Underwood J. 1993. The use of length distribution in geological modeling，Spec. publs. Int. Ass. Sediment. 15：205–212.

Giles A，Bramwell F，Ellington E B. et al. 1914. Discussion. Hydraulic–Power Sugilbert J. Powler，Joseph Clifford. Notes on the composition of sundry residual products from sewage. Gilbert J. Powler ; Joseph Clifford. 33 (16) .

Harbaugh J W and Bonham–Carter G. 1970. Computer Simulation in Geology. Wiley Inter–science，New York :

575–586.

Hickin E J. 1978. Mean Flow Structure in Meanders of the Squamish River, British Columbia, Can. Earth Sci., 15: 1833–1849.

Hickin E J. 1974. The development of meanders in natural river–channels. Am. Sci., 274: 414–424.

Hockney R W and Eastwood J W. 1981. Computer Simulation Using Particles. McGraw–Hill, New York : 523–525.

Hooke R L. 1975. Distribution of Sediment Transport and Shear Stress in A Meander Bend. Geology, 83: 543–565.

J R L Allen. 1982. Late pleistocene (Devensian) glaciofluvial outwash at Banc–y–Warren, near Cardigan (west Wales) . Geological Journal, 17 (1): 31–47.

Jackson G. 1975. Velocity bed–form–texture Patterns of Meander Bends in the Lower Wabash River of Illinois and Indiana. Geological Society of America Bulletin, 86: 1511–1522.

Kalinske A A. 1987. Movement of sediment as bed load in rivers, Trans. Am. Geophys, Union, 28: 615–620.

Leeder M R, Brieges P H. 1975. Flow Separation in Meander Bends. Nature, 253: 338–339.

Leeder M R. 1983. On the Interaction between Turbulent Flow, Sediment Transport and Bed–form Mechanics in Channelized Flows // J.D. Collinson and J. Lewin (Eds.), Modern and Ancient Fluvial Systems, Spec. pubis. Int. Ass. Sediment, Blackwell, London, 6: 5–18.

Max W I M van Heijst, George Postma, Wessel P van Kesteren. 2002. Control of Syndepositional Faulting on Systems Tract Evolution across Growth–faulted Shelf Margina // An Analog Experimental Model of the Miocene Imo River field. Nigeria AAPG : 86, 1335–1367.

Mcclay K R, T Dooley and G Lweis. 1998. Analog modeling of Progradational Delta Systems. Geology, 26: 771–774.

Mcgowen J H and Garner L E. 1970. Physiographic Features and Stratification Types of Coarse–grained Point Bars : Modern and Ancient Examples. Sedimentology, 14: 77–111.

Miall A D. 1985. Architectural–element analysis : a new method of facies analysis applied to fluvial deposits. Earth–Science Reviews, 22: 232–238.

Miall A D. 1988. Architecture elements and bounding surfaces in deposits : anatomy of the Kayenta formation (lower Jurassic), Southwest Colorado. Sedimentary Geology, 55: 233–262.

Middleton G V. 1976. Hydraulic Interpretation of Sand Size Distributions. Geology, 84: 405–426.

Mosley M P. 1976. An experimental study of channel confluences. Geology. 84: 535–562.

Moss A J. 1972. Bed–load Sediments. Sedimentology, 18 (34): 159–219.

Nanson G C. 1990. Point bar and floodplain formation of the meandering Beat–ton River, northeastern British Columbia Canada. Sedimentology, 37: 3–29.

Simons D B, Richardson E V. 1961. Forms of bed roughness in allu–vial channels. Am. Soc. Civ., Engrs. 387: 87–105.

Southard J B. 1971. Representationof bed configurations in depth–velocity–size diagrams. Sediment. Petrol., 41: 903–915.

Yalin M S. 1972. Mechanics of Sediment Transport. Pergamon, Oxford : 154–161.

Yukler M A, Cornford C and Welte D H. 1978. One–Dimensional Model to Simulate Geologic, Hydrodynamic and Thermodynamic Development of a Sedimentary Basin : Geology, 67: 960–979.